MEMOIRES
HISTORIQUES
ET
PHYSIQUES
SUR LES
TREMBLEMENS DE TERRE.

PAR

M. E. BERTRAND, *Prémier Pasteur de l'Eglise Françoise de Bernè; des Académies de Berlin, Göttingue, Leipsic, & Mayence.*

A LA HAYE,

Chez PIERRE GOSSE, Junior,
Libraire de S. A. R.
M. DCC. LVII.

A MONSEIGNEUR

SIGISMOND WILLADING,

Seigneur de Moos-Sedorf, Colonel,
ancien Avoïer de Bure,

CONSEILLER D'ETAT DE LA RE-
PUBLIQUE DE BERNE:

ET

A MADAME

MARIANNE WILLADING,

NÉE D'ERLACH.

MONSEIGNEUR ET MADAME,

J'AI mis sous la protection de votre Illustre Nom les prémiers essais d'un travail, dont on m'a demandé la suite. Vous
avez reçû avec cette bonté, qui fait le

*   fonds

fonds de votre caractère, ce prémier témoignage public de moi attachement respectueux. Je dois, MONSEIGNEUR & MADAME, en publiant la continuation de mon travail, vous payer ce nouveau tribut de ma juste reconnoissance. Ceux qui connoissent votre modestie, en approuvant l'homage, que je rends à votre union & à votre mérite, ne seront point surpris de mon silence sur vos vertus. Ce sont Elles, bien autant que la faveur, dont vous daignez m'honorer, qui m'inspirent les sentimens de la haute considération, avec laquelle j'ai l'honneur d'être,

MONSEIGNEUR & MADAME,

Votre très-humble & très-obéissant Serviteur

BERTRAND. P.

MEMOIRES

POUR SERVIR A L'HISTOIRE

DES

TREMBLEMENS DE TERRE EN GENERAL ET DE LA SUISSE EN PARTICULIER.

PREMIER MEMOIRE.

THEORIE GENERALE DES TREMBLE-MENS DE TERRE.

IL N'EST POINT d'événement qui n'inftruife le Chrêtien: Il n'en eft point qui ne le conduife à celui qui en eft le Souverain difpenfateur: Voilà le centre de fes méditations, l'objet de fes lectures, le but de fes recherches, le fujet de fes obfervations: C'eft là toute fa

Le Chrétien rapporte tout à Dieu.

A philo-

philofophie.   Plus les événemens font frappans, plus les phénomènes font extraordinaires, plus auffi il s'applique à y trouver Dieu; & perfonne ne le cherche de bonne foi, qui ne le trouve avec facilité.   C'eft dans ce point de vuë que nous devons confidérer ces calamités, qui ont affligé quelques Peuples, ou qui en ont effrayé d'autres, pendant les années 1755 & 1756.   Dans ce deffein nous avons prononcé & publié des difcours, deftinés à fixer notre attention fur des avertiffemens fi extraordinaires, que la Providence nous adreffe en nous épargnant.   Après avoir envifagé comme Predicateur [a] des rélations fi propres à nous toucher, je me propofe de les raffembler en Phyficien, pour en former un fyftême d'obfervations.

Etudes des faits.   SI pour profiter falutairement de ces événemens il ne faut point perdre de

[a] Voyez quatre Sermons prononcés à l'occafion des derniers tremblemens de Terre de l'année 1755. Vevey. 1756.

de vuë la Divinité, qui les dirige; afin de s'en former de juftes idées, il faut raffembler les faits, ou les phénomènes, pour les envifager dans un feul coup d'œil. Plus ces idées acquifes feront exactes, plus elles feront propres à nous humilier en nous ramenant à celui qui dirige ces événemens extraordinaires.

Nous y trouverons des profondeurs impénétrables, des myftères inexplicables, des énigmes à découvrir, des phénomènes difficiles à faifir, plus difficiles encore à expliquer. A chaque inftant il femble que Dieu fe plaife à confondre les orgueilleufes prétentions de ces efprits fuperbes, qui voudroient connoître les caufes & définir les raifons de tout ce qui eft. Plus on étudie la nature, mieux on fent qu'elle fe dérobe fouvent à nos recherches. Envain fait-on des efforts pour la foumettre à des hypothèfes, enfans de la témérité & de la préfomption; mieux connuë elle nous échape, & nos fuppofitions s'évanouïffent comme l'ombre, lorfque la lumiére fe

Par-tout nous trouvons de l'obfcurité.

A 2   reti-

retire. L'expérience confultée détruit
renverfe, & nous laiffe dans la même
obfcurité. Tant de preuves de notre
ignorance ne pourront-elles pas nous
rendre modeftes? Rien de plus condam-
nable en particulier que ces Syftèmes qui
ne fe raportent point à Dieu, comme à
la caufe prémiere, ces fyftèmes qui femblent vouloir nous le faire perdre de
vuë. Platon, Pythagore, Plutarque, Porphyre, Galien, Cicéron,
mieux inftruits par la feule raifon, que
ceux qui pourroient l'être aujourd'hui
par la révélation, qu'ils méprifent, par-
toient tous de ce point, & y ramenoient
tout. St. Paul dit du Souverain-Etre,
de lui, par lui, & pour lui font toutes
chofes. Et Marc Antonin avec la
même énergie laconique exprime les
mêmes idées, que Dieu eft la feule caufe efficiente, la feule caufe confervatrice,
& la feule caufe finale. C'eft donc s'é-
loigner de la nature que de vouloir expliquer ou concevoir quelque chofe, fans
celui qui renferme la raifon de tout ce
qui eft actuel & de tout ce qui eft poffible.

Loin

Loin de nous ces expreſſions impies, empruntées du Paganiſme, & qu'on entend, à la honte de notre ſiécle, répéter dans le ſein-même du Chriſtianiſme. Je pardonne à Sénéque, quoiqu'en conſultant la raiſon il eût pû aprendre un autre langage, d'avoir dit que ce n'eſt pas les Dieux qui ébranlent la terre [b]. Mais je ne ſaurois ſouffrir que des Hommes, dont la raiſon eſt éclairée par la révélation, imitent ces diſcours. Ce n'eſt pas être Phyſicien que de dire que Dieu eſt la cauſe immédiate des tremblemens de Terre, ſans le ſecours des cauſes ſecondes, ou ſubordonnées, qui ſoût en ſa puiſſance [c]. Mais ce n'eſt pas être Philoſophe que de vouloir expliquer ces effrayans phénomènes, comme s'ils étoient indépendans de la

Dieu eſt la prémiere cauſe.

Pro-

---

[b] *Nihil eorum Dii faciunt : nec ira Numinum, aut coelum concutitur aut pars terræ.* Quæſt: natur: Lib. VI. Cap. III.

[c] Il ſemble que ce ſoit la Phyſique de Danæus, Phyſ. Tract. II. Par. II. Cap. XIX.

Providence, à laquelle tout est soumis
La même volonté, qui établit au commencement toutes choses, les soutient, les conserve, les dirige: & c'est
par une suite de ces Loix établies,
pour des fins infiniment sages, que ces
grands événemens, qui nous étonnent,
ou nous épouvantent, arrivent ici-bas.
Telle est l'idée que nous devons nous
former des tremblemens de terre natu-
rels, qui, en nous montrant sans cesse
que cette terre est fragile, nous apren-
nent qu'elle n'est pas faite pour nous, ou
que nous ne sommes pas faits pour y de-
meurer toûjours [d]. Souvent Dieu,
pour donner des preuves de sa puissan-
ce, comme Maître de la nature, ou de
son amour pour l'ordre, comme Juge de
l'Univers, a ébranlé la terre ou les fon-
de-

[d] Erramus, si ullam terrarum partem a peri-
culo immunem credimus. Omnia sub eadem ja-
cent lege. Nihil ita, ut immobile esset, natura
concepit. Alia aliis temporibus cadunt. &c. Senec. Nat. Quæst. Lib. VI. Cap. I.

demens des Montagnes [e]. Ainſi la terre trembla à la promulgation de la loi, ſur Sinaï; à la mort du Redempteur, ſur le Calvaire & à ſa réſurrection au troiſiéme jour [f]. Ainſi encore fut-elle ébranlée, lorsque les fidèles prioient, pour leur donner un témoignage de la préſence du Seigneur qui les protégeoit [g]. Par un tremblement de terre furent ouvertes les portes de la priſon de PAUL & de SILAS [b]. Lorsque CORÉ, DATHAN & ABIRAN ſont engloutis par la terre, qui les portoit, c'eſt un tremblement, qui annonce la juſtice ſévère de celui qu'ils avoient offenſé [i]. Les Romains, prévenus que les tremblémens ne pouvoient s'exécuter ſans la direction d'une Divinité, ordon-

[e] Nahum. I. 5. II. Rois XXII. 8.

[f] Exad. XIX. 18. Matt. XXVI. 52. XXVII. 2.

[g] Actes IV. 31.

[b] Actes. XVI. 26.

[i] Nomb. XVI. 31.

donnoient, dès qu'ils en fentoient, des fêtes, ou des féries. Semblables aux Athéniens, qui facrifioient au *Dieu inconnu*, ils s'abftenoient dans leurs prières & leurs facrifices, dans ces occafions, de nommer aucun Dieu, ni aucune Déeffe; de peur que fe méprenant, ils n'irritaffent celui dont le nom auroit été omis [*k*]. Mieux inftruits, en cherchant, pour fatisfaire notre Curiofité, les caufes fecondes de ces bouleverfemens, remontons toûjours, pour nous inftruire, à la caufe première de qui tout dépend.

Conjectures fur les caufes des tremblemens.

On a fait des efforts pour expliquer les Tremblemens de terre, & tout ce qu'on a dit laiffe encore, il faut en convenir, bien des obfcurités. Les uns en ont cherché la caufe dans le feu, les autres dans les vents renfermés, des troifiémes dans les eaux foûterraines. Tout

[*k*] A. Gellius. Noct. attic. Lib. II. Cap. XXVIII. T. Liv. Dec. V. Lib. I. Cap. XL. fub finem.

Tout cela peut diverſement y contribuer (*l*).

On ſait qu'il y a des pyrites & des
matiéres pyriteuſes, une ſorte de ſel &
de ſouffre, ſuſceptible d'inflammation
ou d'effervéſcence. Ces matiéres ſont
per lits, par veines, par filons, par couches, ſeules ou mêlées, en plus ou
moins grande quantité ; mais répanduës
de toutes parts. Il n'eſt point de lieu,
où il n'y en ait, plus ou moins. Cela
étoit néceſſaire pour la fermentation intérieure, pour la circulation univerſelle, pour entretenir une chaleur con-
ſtante dans la terre, pour la végétation,
pour la pérennité des ſources communes,
pour la conſervation des ſources chaudes, pour l'entretien des fontaines minérales, pour tous les météores aqueux
& ignées, en un mot pour le mécaniſ-
me entier de notre globe (*m*). Ces ma-
tié-

Matiéres
diſpoſées à
l'effervéſ-
cence.

[*l*] Vide SENEC. Natur. Quæſt. Lib. VI. Cap.
XII. & alibi.

[*m*] Voyez LISTER de fontibus medicatis Angliæ.
Londin. 1686. 8.   J. Go-

tiéres pyriteufes , mouillées ou humec-
tées , s'échauffent , fermentent , s'enflamment même quelquefois. Les expériences connuës de Mr. Lemery le
prouvent (*n.*), en imitant les procédés
de la nature même. Si fur une once
d'huile , ou d'efprit de vitriol, on jette
de l'eau commune, il en naît une effervefcence chaude: Si fur ce mélange é-
chauffé on jette , à plufieurs reprifes ,
de la limaille de fer, il s'élève une fumée blanche , à la quelle on peut allumer une bougie, & il fe fait une fulmination avec éclat. Ce même Chimifte
mettoit en terre cinquante livres d'un
mélange de fouffre & de limaille de fer,
la terre étoit humectée peu-à-peu, & au
bout de huit ou neuf heures on voyoit
une

J. Gotofred. Berger, Profeff. Vitteberg. De
Thermis Carolinis commentatio, quâ omnium o-
rigo Fontium calidorum , itemque acidorum ex
Pyrite oftenditur. Vittemberg. 1709. 4.

[*n*] Duhamel Hift. Reg. Scien. Acad. Lib.
VI. Cap. II. Voyez encore Hiftoi. & Mémoi. de
l'Acad. Roy. An. 1700. pag. 66. 91. 131. &c.

une image de l'Etna ou du Véfuve ;
tremblement, éruption, fumée & flammes.

L'air intérieur, dilaté par des effervefcences pyriteufes, ou des inflammations fulphureufes , renfermé dans des
canaux, des conduits, des cavernes
foûterraines, pouffe, preffe, ébranle
& renverfe plus ou moins ce qui s'oppofe à fon effort & à fa dilatation libre.
De là naiffent des vents, qui s'échapent
avec violence; des eaux, qui font foulevées avec force; des flammes, qui s'ex-
halent avec ardeur; des fécouffes, qui
ébranlent & renverfent. [o] De là des
éruptions d'air, d'eau, ou de feu ; des
difruptions, des éboulemens & des tremblemens de terre. Ainfi la poudre à
canon enflammée pouffe, ou détruit ce
qui s'oppofe à la dilatation de l'air, qu'elle

Dilatation
de l'air
par l'effer-
vefcence
ou l'in-
flamma-
tion,

[o] Voyez fur les Volcans Kircher, Mund.
Subt. T. 1. p. 74. feq. 194. feq. Amft. 1678. fol.
P. C. Sevbri Ætna, cui acceffit Bembi Ætna, Amft.
1715.

le embrase. Le tremblement de terre cesse souvent avec l'éruption qui paroît. L'air, le feu ou l'eau, qui sortent, soulage la terre agitée. C'est ce que l'on observe constamment aux environs du Vésuve. Ainsi sont renversées les montagnes, les Villes détruites, les gouffres formés. Ainsi ont été soulevées de nouvelles Isles du fond des mers & d'anciennes englouties [*p*]. Ainsi sont arrivés divers changemens sur la surface de la terre & dans son sein.

Sagesse du Créateur dans la disposition de ces pyrites.

TEL étant l'effet de ces pyrites, placés dans la terre par le Créateur, nous com-

[*p*] Voyez des exemples dans KIRCHER, VARENIUS, A. L. MORO, M. DE BUFFON & d'autres Auteurs. Voyez SENEQUE N. Q. Lib. II. Cap. XXVI. Lib. VI. Cap. XXI. PLIN. Hist. Nat. Lib. II. Cap. XXVII. Hist. de l'Acad. royal. 1707. p. 13. & 1708. p. 28, 29. &c. LUCRET. Lib. VI. v. 560 & seq. STRAB. Lib. I. sub finem. Voyez particulièrement SIM. PORTII Epist. de Conf. agri Puteol. & Neapolitanæ Scientiarum Academiæ, de Vesuvii Conflagratione quæ Mense Majo anno 1737. accidit, commentarius. 4. Neapol. 1738.

comprenons que s'il falloit qu'ils fuffent repandus çà & là, pour la chaleur & le méchanifme univerfel, il n'étoit pas moins néceffaire qu'ils ne fuffent pas réunis dans un lieu, en trop grande quantité. C'eft pour être emmoncelés en cértains lieux, que ces lieux-là font plus fujets aux tremblemens de terre; fur-tout s'il y a des eaux dans le voifi-nage. S'ils étoient tous accumulés dans un même endroit, leur effervefcence, ou leur inflammation, feroit capable de détruire ou d'embrafer le globe entier. Peut-être eft-ce par ce moyen qu'il prendra fin.

On fait auffi qu'il y a des vapeurs fulphureufes & inflammables, qui rem-pliffent quelquefois tous les rameaux des mines, lefquelles s'enflamment avec une extrême facilité & peuvent donner lieu à des fecouffes. Il n'y a point de mines, où l'on n'ait vu de ces exhalai-fons détonnantes, qui caufent fouvent du dommage, toûjours du fracas. La poudre à canon, allumée occupe un

Vapeurs fulphu-reufes dans la terre.

ef-

espace quatre mille fois plus grand, &
son effet est d'autant plus violent, que
son action est renfermée dans un plus petit espace. Quel effet ne peuvent donc
pas produire des exhalaisons enflammées
dans les cavités ou les antres de la terre? [q] Il n'y a que ceux qui ont fait
attention aux effets prodigieux des mines, qui puissent se former une idée de
la force de l'air enflammé.

Vapeurs sulphu-reuses al-lumées dans l'air. FLAMSTEED & HALES ont cru
que des exhalaisons sulphureuses, allu-
mées dans l'atmosphère, peuvent aussi
pénétrer de là dans les cavités de la terre, y propager l'incendie & y causer des
commotions violentes. Aussi a-t-on
vû souvent, avant les Tremblemens de
terre, dans la Suisse & dans d'autres
pays, des météores ignées, qui les ont
annoncé, ou du moins qui les ont précédé. SCHEUCHZER en fait plus d'u-
ne

[q] Essai d'explications de divers phenomènes
Physiques &c. par BERGER. Tom. I. observat. I.
Journal des Savans T. IV. p. 283. Tom. V. p,
120. suiv. 163. suiv. T. VI. p. 126. suiv. &c.

ne fois mention. Cet air intérieur, é-
chauffé, peut réduire les eaux dans un
fluide, quatorze cent fois plus rares &
cauſer par là d'étranges effets.

L'AIR une fois dilaté exceſſivement
dans un lieu, peut par le moyen des
grottes, des cavernes, des canaux, des
fiſſures, qui ſe communiquent les unes
aux autres, ſe répandre fort loin. Il
peut comprimer celui qui eſt dans les
cavités communicantes, & produire, a-
vec ce mugiſſement, qu'en entend, ces
courans qu'on apperçoit, & ſes ſécouſſes réguliéres, que l'on compte, tandis
que les lieux-mêmes, placés ſur le centre de la matiére enflammée, ſont expoſés à des ſoulévemens & à des bouleverſemens, qui détruiſent tout. Les vents,
qui s'échapent par quelque éruption,
ſous les eaux, les ſoulévent; de là ces
colonnes ou ces flots de la mer, qui ſub-
mergent; ces fontaines, qui jailliſſent,
ou qui bouillonnent; ces ſources qui ſe
forment; ces étangs, qui paroiſſent.

VOILA ce que l'on dit de plus proba-
ble,

Communi-
nication
de la com-
motion
intérieu-
re.

Les trem-
blemens
de terre
n'ont
peut-être
pas encore
été expli-
qués.

ble, & ce que l'on suppofe avec le plus
de vraifemblance ; mais qu'il y a loin
delà à une explication complette & fa-
tisfaifante! Si ces explications femblent
applicables à quelques Tremblemens de
terre topiques, ou particuliers à certains
lieux, je ne fai fi elles péuvent fervir à
expliquer ces tremblemens généraux, ou
étendus, comme ceux que nous avons
éprouvé les années précédentes. Celui
du prémier de Novembre 1755, qui a
été fi funefte au Portugal, paroit avoir
embraffé une étenduë de plus de mille,
ou de douze cent lieuës, & peut-être
davantage, dans le même tems, dans
l'Europe, l'Afrique & l'Amérique Septentrionale : peut-être a-t-il été univerfel. Il paroît même très-clairement,
par toutes les rélations, que, durant
les Années 1755 & 1756, des tremblemens fucceffifs ont parcouru les quatre
parties du monde. Dès le 7. Juin 1755
ils ont commencé en Perfe. La Ville
de *Cachan* en a été renverfée en partie,
& ils ont continué pendant toute l'année
1756 en divers lieux. Le 26. Avril 1756,

à

à 8 h. du matin les tremblemens commencèrent à *Quito*, dans le *Pérou*; le 28. la Ville a été renverſée.

CETTE étenduë & cette inſtantanéi- té du mouvement ſuppoſeroient une ef- fervefcence ſubite & inſtantanée.   Mais on ſait que la fermentation, ou l'in- flammation, ſe communiquent ſucceſſi- vement.   Si l'eſtuation, qui a cauſé cet- te agitation de la terre, eſt partie d'un point, quelle violence n'auroit-elle pas dû avoir?   & à quelle profondeur im- menſe n'auroit-elle pas dû ſe faire, pour embraſſer un terrein ſi vaſte?   D'ailleurs tout mouvement, qui naît d'une fermen- tation, ou d'une inflammation ſubite, doit être confus, tumultueux, ſans rè- gle, ſans ordre, ſans direction.   Mais par le tremblement que nous avons ob- fervé dans la Suiſſe, & fort loin aux en- virons, le neuviéme de Décembre, il paroît qu'il y a de la régle, de l'ordre, & de la direction dans les ſecouſſes. Nous avons reſſenti à BERNE, ce jour-là, trois balancemens fort diſtincts, c'eſt-à-di-

re;

B

re, trois allées & trois venuës. Le mouvement étoit horizontal ; la direction
étoit à peu-près du Sud ou Sud-Est au Nord
ou Nord - Ouest, & elle a été observée de
même en divers autres lieux.   On a vou-
lu distinguer trois sortes de tremblemens,
un horisontal, & de balancemens alternatifs; un perpendiculaire, ou de sou-
levemens tumultueux ; un d'inclinaison
ou d'abaissement de la surface. Il paroît
par les rélations que nous avons eües
jusques ici, que tous ces phénomènes
ont été observés à *Lisbonne.* Si ces
tremblemens généraux avoient leur principe dans une fermentation intérieure,
à une grande profondeur, la terre devroit être violemment agitée dans les
abîmes les plus profonds. Mais il semble fort souvent que ce soit plûtôt un
mouvement de la surface, ou de la croute extérieure.   Par analogie avec les mines, si on suppose la cause du mouvement à la moitié de l'étenduë du terrein agité, le foyer, ou le centre de
l'inflammation, auroit été à plus de cinq
à six cent lieuës de profondeur en terre.

re. Quelles immenses cavités communicantes ne faut-il pas supposer! Ces difficultés & bien d'autres, qu'on pourroit faire, ne nous rendront-elles pas plus reservés que nous ne le sommes? Déciderons-nous comme si nous avions affisté dans les conseils de la souveraine Sagesse? Contentons-nous donc de rassembler les faits, & ne nous hâtons pas de prononcer sur les causes.

Ne doutons point que ces agitations de la terre n'ayent leur usage physique, aussi bien que leur destination morale. Puisque elles sont si fréquens, qu'à peine se passe-t-il quelques années, qu'il n'y en ait çà ou là, je ne saurois les supposer inutiles, pour la conservation du méchanisme du globe [r]. On dit communément qu'elles annoncent la fertilité pour les années suivantes. Je ne

Les tremblemens peuvent avoir leurs usages.

fai

[r] L'Auteur d'une *Rélation Chronologique des tremblemens de terre* en compte plus de 120, qui ont eu des suites funestes & étendues pendant 18 siecles.

fai fi le fait eft certain. La chofe n'eft
pas improbable. La terre fécouée ré-
prend peut-être un nouveau mélange de
fels & de fucs, propres à la végétation,
comme un terrein épuifé & labouré de
nouveau, ou renverfé, acquiert une nouvelle fécondité. Peut-être que ces fecouffes, qui pénétrent jufqu'au fond des
gouffres & des abîmes, que les plus violentes tempêtes n'agitent point, fervent
à entretenir la falure bitumineufe des
eaux de la Mer. Dans l'intérieur ces é-
branlemens font peut-être néceffaires
pour agiter les eaux, prévenir leur
corruption, donner lieu à leur mêlange & à leur circulation. Des canaux, des conduits bouchés fe rou-
vrent; il s'en forme de nouveaux. Ainfi
la fiévre eft quelquefois néceffaire dans
le corps humain [s]. Pour découvrir
toutes les raifons, qui rendent ces tremblemens utiles, ou néceffaires, il faudroit mieux connoître l'intérieur du
                              glo-

____

[s] Voyez SÉNÈQUE Queft. Nat. Lib. VI.
Cap. XIV.

globe. Mais rapportons-nous-en au sage Créateur, qui l'a formé avec tant de sagesse, & qui le conserve avec tant de bonté, au milieu de tant de principes de destruction.

POUR ne pas s'égarer dans de vains raisonnemens sur ces phénomènes surprenans, qui ont fixé notre attention depuis quelque tems, il faudroit que dans chaque païs des Observateurs exacts rassemblassent avec soin tous les faits & toutes les circonstances, pour en composer une histoire physique, générale, suivie & détaillée des tremblemens de terre.

Il faudroit dans chaque Païs recueillir l'histoire physique des tremblemens.

   II. ME-

SECOND MEMOIRE.

RELATION CHRONOLOGIQUE DES TREM-
BLEMENS DE TERRE, QU'ON A RES-
SENTI DANS LA SUISSE, DEPUIS LE
VI. SIÉCLE JUSQU'A NOS JOURS: DANS
LAQUELLE ON A JOINT LES TREM-
BLEMENS DES AUTRES PAÏS, QUI COÏN-
CIDENT AVEC CEUX DE LA SUISSE,
ET OU L'ON FAIT OBSERVER CES É-
BRANLEMENS, QUI PAROISSENT PAR-
COURIR TOUT LE GLOBE.

Deffein de ce Mémoire.

C'EST DANS l'histoire des faits qu'on peut puiser les vrais principes de l'explication des phenomenes de la nature. Si mê-me on n'en peut pas pénétrer les mystères les plus cachés, les relations instruisent uti-
le-

lement: Ce font autant d'échafaudages &
des matériaux préparés, qui ferviront quelque jour à bâtir un fyftème. C'eft dans cette vuë que nous avons raffemblé des rélations de tous les tremblemens, dont on a
confervé le fouvenir, en Suiffe, dans les
Chroniques imprimées ou manufcrites, &
dans les Auteurs modernes, qui ont tra-
vaillé à l'hiftoire civile, ou naturelle,
du Païs. Ce mémoire pourra au moins
être regardé comme un chapitre intéref-
fant de l'hiftoire naturelle de la Patrie.
Nous avons eu foin, en même tems,
de raporter les divers phénomènes, qui
femblent avoir quelques rélations avec
les tremblemens, ou qui ont été obfervés dans le même tems. Afin qu'on pût
faifir la marche de ces tremblemens &
leur popagation, nous avons joint ceux
qui ont été obfervés dans les autres pays,
dans le même tems qu'en Suiffe. Enfin,
pour mettre à lieu de diftinguer les tremblemens particuliers de ces fecouffes qui
femblent embraffer tout le globe, ou la
plus grande partie, nous les avons dif-
tingués, autant que nous l'avons pu, en

 mar-

marquant leur étenduë & leur simultanéité [a].

Pourquoi la Suisse n'est pas plus souvent & plus vio-lemment agitée.

La Suisse en général est très-abondan-
te en souffre, en nitre, & en pyrites. Il
semble, qu'à raison de cette abondance,
elle devroit être autant exposée aux
tremblemens de terre que l'Italie. Mais
je crois d'un côté que ces matières ne
sont pas par grandes couches, ou par
lits, seulement par filets, disposés en
tout sens dans les fissures des rochers.
D'un autre côté ces mêmes lieux sont
trop abondans en eaux, pour que ces
matières pyriteuses puissent aisément
s'en-

[a] D'autres Auteurs, suivant un plan plus général, & moins détaillé, ont fait des Catalogues
des tremblemens de terre principaux de tous les
Pays du Monde. On peut les consulter. Voyez en
particulier l'*Histoire des anciens révolutions du Globe terrestre*. A la fin de cet ouvrage on trouve une
*Rélation Chronologique des tremblemens de terre les
plus remarquables, arrivés sur notre Globe, depuis
le commencement de l'Ere Chrétienne jusqu'à l'année
1750*. Paris, sous le titre d'Amsterdam, chez
Dammonville 8, 1753.

s'enflammer, ou fermenter avec une certaine violence. Si nous confidérons nos montagnes les plus fertiles en minéraux, nous verrons auffi que ce font les plus abondantes en eaux, ou en fources, & que ce font les lieux, où il tombe le plus de pluye & de neige.

Le Canton de Glaris, celui de Bâle, dans le Canton de Berne tout le Gouvernement d'*Aigle*, & le Bailliage de *Froutigue*; dans le Canton de Zurich les Seigneuries de *Sax* & d'*Eglifau*; le Comté de *Rade*; dans le Valais, *Leuch*, *Brigue*, font les lieux de la Suiffe les plus expofés à de fréquens tremblemens de terre. *Les lieux de la Suiffe les plus fujets aux tremblemens.*

Il femble cependant que depuis environ un fiècle Bâle y foit moins fujette. Les matières inflammables ou effervefcibles, feroient-elles épuifées ou confumées? Des Cavernes feroient-elles bouchées ou comblées? *Bâle plus tranquile depuis un fiècle.*

Tous ces lieux où l'on a fi fouvent éprouvé de ces effrayantes fécouffes, font *Pourquoi ces lieux y font plus fujets.*

sont plus caverneux que le reste de la
Suisse; plus abondans en sources minérales; & la terre y est plus remplie de
souffres & de minéraux de diverses espèces. Depuis le *Schwanden*, au *Lint-
bal*, toutes les vallées sont arrosées de
sources sulphureuses. A *Busmig*, proche
du Château de *Forstegk*, il y a une sour-
ce sulphureuse froide, dont l'odeur est
très-forte. Aux environs de *Bâle*, on
voyoit autrefois très-frequemment des
feux folets, des vapeurs enflammées & des
météores ardens; en mille-cinq-cent-
vingt, le vingt-& troisième Novembre,
en mille-six-cent soixante & onze le dix-
neuvième Novembre, & en divers autres temps on a principalement observé
de ces phénomènes.

Chûtes
des mon-
tagnes.

Nous regardons les chûtes des montagnes comme des suites ordinaires, ou
des effets, des tremblemens de terre.
D'autres causes y concourent, il est vrai,
les eaux, le gel, la nature du terrein &
celle des rochers, la chûte des cavernes, tout cela y contribue, plus ou
moins.

moins. Mais c'eſt toûjours quelque commotion de la terre, qui a précédé, qui
accélére, ou determine, la ſéparation
de ces maſſes, dont le poids fait une
partie de la ſolidité.

Voici la ſuite chronologique des
tremblemens, dont les Hiſtoriens ont
conſervé les dates, autant du moins que
j'ai pu les recueillir des divers Auteurs,
que j'ai eu occaſion de conſulter. [b]

Le prémier tremblement, dont il ſoit
fait mention dans nos Annales, eſt celui, dont parle Marius, Evêque d'A-
van-

Suite
Chrono-
logique
des trem-
blemens
de la Suiſ-
ſe.

563.

[b] Voyez Marii Aventicenſis Epiſcopi Chroni-
con, a P. Chiffletio primum editum. Theſaur.
Hiſt. Helvet. &c. fol. Tigur. 1735. J. J. Scheuch-
zers Natur-geſchichte des Schweitzerlandes &c.
4. Zurich 1746. 2 vol. Ejuſdem Itinera Alpina
4. Lug. Batav. 1722. 2 vol. Wagneri Helvetia
curioſa. 12. Tig. 1680. Deliciae urbis Bernæ, 12.
Tig. 1732. Hiſtoire de Geneve par Spon. 12. Gen.
1730. 4 vol. Hiſtoire Ecclef. du païs de Vaud,
par M. Ruchat. 12. Hiſtoire des Suiſſes par M.
le Baron d'Alt &c. 10 vol. &c.

vanche, dans fa Chronique. En cinq-
cent-foixante & trois, dit-il, une grande montagne dans le Valais-inférieur
s'écroula fubitement. Un Château voifin, plufieurs Villages & leurs habitans
furent enfevelis. Le Lac-Léman, dans
la longueur de foixante-milles & la lar-
gueur de vingt, fut agité d'une telle
violence, qu'il fortit atternativement de
fes bords, fubmergea d'anciens bourgs
& quelques villages, & noya les hommes & les beftiaux. Plufieurs Eglifes
furent renverfées & ceux qui les deffer-
voient périrent. Le pont de Geneve &
les Moulins furent détruits. Le Lac en-
tra dans la ville & y noya plufieurs perfonnes.

Il faut obferver fur cette narration,
que le Lac étoit plus grand alors qu'il
ne l'eft aujourd'hui, ou qu'il y a une
erreur dans les nombres, ou bien que
les milles étoient alors plus petits qu'aujourd'hui. Sa longueur de Genève à
Villeneuve, par le pays de Vaud eft de
18. lieuës communes de France. Sa

lar-

largeur, depuis une Baye entre Morges
& Préverange, jusques à une autre Baye
proche d'Amphyon, est de trois des mêmes lieuës, ou un peu plus [c].

On sentit, le trentième Avril huit-
cent & deux, un très-grand tremblement
de terre dans la Suiffe [d]. Il fut suivi
de maladies, qui firent beaucoup de ravage.

L'Année huit-cent-vingt & neuf on
éprouva un tremblement de terre, qui
fut suivi en Suiffe de Vents si vehemens
que les arbres & les maifons en furent
renverfées. L'année fuivante fut très-
fertile.

Il se fit, en huit-cent-cinquante &
huit,

[c] Voyez les Remarques faites par Mr. J. C. Fa-
tio de Duillier fur l'Histoire naturelle des environs du lac de Geneve. Histoire de Geneve T. IV.
page 290. fuiv.

[d] Cet article, auffi bien que ceux de 829.
858. & 1001, ont été tirés d'une Chronique ma-
nufcripte.

huit, un tremblement de terre si violent
en Suisse que plusieurs maisons tombèrent.

849.   En huit-cent-quarante & neuf, huit-
867.   cent-soixante & sept, & neuf-cent-qua-
944.   rante & quatre, il doit y avoir eu en
Suisse des tremblemens de terre très-
considérables ; mais dont il ne reste, que
je sache, aucun détail.

1001.   En mille & un plusieurs bâtimens furent renversés dans la Suisse par un tremblement de terre. On y vit aussi des
météores ignées, dont les Chroniques
parlent comme de quelque chose d'extraordinaire, sans cependant les décrire.
Il fit dans l'hiver un froid excessif.

1021.   L'an mille-vingt & un, le douxième
de May, un tremblement de terre très-
violent se fit sentir à Bale : L'Eglise Cathédrale [e] & plusieurs maisons furent

ren-

[e] Voyez la Rélation de Mr. le Ven: Pasteur
Auguste Jean Buxtorf, après son Sermon sur
l'éversion de Lisbonne, Bâle 1755. 4. pag. 50, 51
& 52.

renverſées dans le Rhin : les fontaines furent troublées dans preſque toute là Suiſſe, pluſieurs parurent rouges comme du ſang.   On vit en divers endroits de Suiſſe des météores ignées.   Il y eut en divers lieux de grandes inondations.

Au mois de Février mille-ſoixante & deux, on reſſentit en Suiſſe un tremblement de terre; il fut accompagné à Neufchatel de tonnerres & d'éclairs [ƒ].   Bale n'en fut point exempte.   *1062.*

En mille-cent & dix-ſept, on éprouva en Suiſſe un tremblement des plus violens; il fut preſqu'univerſel.   Il renverſa des maiſons & des châteaux en divers lieux de l'Europe.   *1117.*

En mille-cent-vingt & huit, on ſentit en   *1128.*

[ƒ] Cet article & pluſieurs autres m'ont été fournis par Monſieur Ostervald, membre du petit Conſeil & Maître Bourgeois, à *Neufchâtel*; extraits d'un grand recueil ſur l'Hiſtoire du Comté de Neufchâtel, en trois Volumes in folio, laiſſés par feu Mr. le Miniſtre Boive.

en Suiffe & ailleurs des tremblemens, qui durèrent quarante jours; on remarqua des retours de fecouffes par intervalles; grand nombre de maifons furent ébranlées.

1146.   En mille-cent-quarante & fix, il y eut en Suiffe & dans prefque toute l'Europe un tremblement de terre, plus ou moins violent, felon les lieux.

1170.   En mille-cent-foixanté & dix, un affreux tremblement fit perir beaucoup de monde en Sicile. Plufieurs villes de l'Allemagne furent fort ébranlées. Il caufa quelque dommage en Suiffe.

1180.   En mille-cent & quatre vingt, il y eut un tremblement de terre en Suiffe. Il fut fuivi d'orages & de pluyes.

UNE partie de la ville de *Naples* fut détruite, celle d'*Arian* fut engloutie & quelques autres entièrement renverfées.

1183.   En mille-cent-quatre-vingt deux &
1290.   trois, & en mille-deux-cent quatre-vingt & dix, on effuya des tremblemens de ter-

terre, qui furent à peu près universels. La *Suisse* n'en fut point exempte. Un tremblement eaufa beaucoup de dommage en *Savoye*, en 1248. [g]. La plûpart des villes de la *Syrie* furent détruites; en 1182. la terre s'ouvrit dans la campagne de *Lépante*.

Sur la fin du Mois de Novembre 1322. Geneve effuya un tremblement [b].   1322.

En mille-trois-cent quarante & fix, le 24. de Novembre, & fuivant Mr. Buxtorf le vingt-cinquième, (ce fut peut-être la nuit du vingt-quatrième au vingt-cinquième) il y eut un tremblement de terre en Suiffe, particulièrement à *Bâle*. Plufieurs bâtimens, entr'autres le Palais Epifcopal, furent renverfés.   1346.

La même ville fouffrit encore d'un au-   1348.

[g] Cet article, tiré d'une Chronique MSC. m'a été fourni par Mr. le Profeffeur Jalabert.

[b] Extrait d'une Chron. manuf. par Mr. Jalabert.

autre tremblement, au mois de Janvier
mille-trois-cent quarante & huit. Trois
vers, qui se lisent encore sur un mur de
l'Eglise de St. Jacques, ont perpétué la
mémoire de ce désastre.

Il y eut trente & six villes ou châteaux qui en furent renversés dans la
Hongrie, la Stirie, la Carinthie, la Bavière & la Soüabe. La terre s'entr'ouvrit en divers lieux.

On crut que les exhalaisons puantes,
que ce tremblement produisit, furent
cause de cette peste, qui se répandit
par toute la terre, qui dura trois ans, &
qui, à ce que l'on estimoit, fit perir le
tiers du genre humain.

Il y eut des pluyes qu'on regardoit
comme de sang, en divers lieux; c'est-
à-dire, des pluyes teintes d'une matière minérale rougeatre, ou chargée
d'un ochre-rouge, comme on l'a vu dans
le mois d'Octobre de l'année mille-sept-
cent & cinquante cinq dans l'*Oberland*
& ailleurs.

Di·

·Divers Auteurs parlent d'un autre 1356.
tremblement, qui fe fit fentir très-vio-
lemment à *Bâle*, en mille-trois-cent-
cinquante & fix. C'étoit le dix-huitième
d'Octobre, à dix heures du foir. Un
grand nombre de maifons furent renverfées. Bientôt après les fécouffes, le feu
prit en divers endroits de la ville. L'incendie dura plufieurs jours. Le peuple
effrayé de la continuation des fécouffes
n'ofa plus rentrer en ville, pour étein-
dre le feu. Même chofe eft arrivée à
Lisbonne, dans le dernier tremblement.
Les fécouffes ceffèrent & recommencè-
rent onze fois à *Bâle* pendant cette nuit
là. Grand nombre de villages furent ou
détruits ou endommagés. Pendant près
d'une année on éprouvoit prefque tous
les jours de nouvelles agitations. Souvent on entendoit du murmure ou de
l'éclat, tantôt fous la terre, quelques-
fois dans l'air.

Ce tremblement avoit, ce femble, le
centre & le foyer de fon explofion à
Bâle, qui en fut renverfée. Mais il y

C 2   eut

eut bien peu d'endroits, de la Suisse, où il n'ait fait quelque dommage. Les voutes de l'Eglise Cathédrale de *Berne* furent enfoncées & tombèrent; la tour des cloches, ou le *Vendelstein*, fut aussi renversée en partie; on fut obligé de suspendre les cloches par le moyen d'échafauts, jusqu'à ce qu'elle fut rebâtie. Cette Eglise étoit fondée depuis douze-cent-trente & deux. Dans la campagne il y eut plus de mal. Quarante & deux Châteaux du Canton, ou des environs, furent renversés, ou considérablement endommagés.

A *Lausanne* & à *Yverdon* on sentit ces secousses, sans beaucoup de perte.

Il y eut trente & huit châteaux détruits dans le seul Evêché de Constance [i]. Pendant tout le reste de l'année il y eut divers retours de secousses.

1357.   L'année suivante, mille-trois-cent-cinquante & sept, le quatorzième de **May,**

[i] Voyez la Chronique de Tschoudy.

May, furvint un nouveau tremblement fort violent, qui ébranla beaucoup la Cathédrale de *Bâle* & diverfes maifons. On reffentit ces fecouffes à *Soleure*, & en d'autres endroits de la Suiffe. *Neufcha-tel* fut auffi vivement fecouéa.

CE tremblement fut très-violent auffi à *Strasbourg* & dans toute l'Alface. Ce fut par-tout entre fept & huit heures du matin. Les montagnes ne furent point ébranlées, les Vallées le furent toutes, plus ou moins.

IL y eut moins de frayeur & de dom- 1372. mage à *Bâle*, en mille-trois-cent-foixante & douze, le premier de Juin. On y fentit quelques ébranlemens, qui durè-rent peu de tems & qu'on n'aperçut que dans la Ville & aux environs. Mr. BUX-TORF place dans cette année-'à un trem-blement de terre, le premier de Juillet, qui renverfa la Statuë de Saint George dans l'Eglife Cathédrale de *Bâle*. C'eft peut-être le même que d'autres Auteurs placent au premier de Juin, par équivo-que de dates, à moins que d'autres fe-

C 3   couf-

couffes ne foient revenuës le premier
de Juillet, un mois après les premières.

1380. En mille-trois-cent & quatre vingt, il
y eut le premier de Juillet un grand
tremblement de terre en Suiſſe. Toute
l'année fut orageuſe.

1382. Deux ans après, la Suiſſe & l'Italie
furent en allarme par des tremblemens
réïterés. Il y eut cette année de grandes maladies en Suiſſe.

1394. Le tremblement de mille-trois-cent
quatre-vingt & quatorze fut bien plus
général. Il embraſſa non ſeulement la
Suiſſe; mais tous les païs voiſins. Toutes les montagnes depuis leurs cimes
furent ſécouées. On le ſentit le vingt
& deuxième Mars. Un Eté chaud ſui-
vit. Tous les fruits furent printaniers.
Ce fut une année d'abondance.

1415. Le vingt & unième de Juin mille-qua-
tre-cent & quinze, la plûpart des habitans de *Bâle*, effrayés d'un tremblement
de terre, prirent la fuite.

BA-

Bale fut encore ébranlé, en mille-   1416.
quatre-cent & seize, le vingt & unième
Juillet. Tous les environs s'en reſſen-
tirent; mais ſans dommage.

En mille-quatre-cent-vingt & huit, le   1428.
Dimanche avant Ste. Lucie., ſur le ſoir,
un tremblement cauſa beaucoup de
dommage dans le Canton de *Bâle.*

Le trentième Novembre mille-quatre-   1444.
cent-quarante & quatre, avant le Soleil
levé, on eut un léger tremblement à
Bâle & aux environs.

En mille-quatre-cent-cinquante & ſix,   1456.
le Royaume de Naples fut preſque ruiné
par un tremblement de terre. On le
ſentit dans tout le *Pays de Vaud.* Il
fut ſuivi d'une inondation, qui mit la
ville d'*Orbe* en danger; toutes les campagnes des environs furent couvertes
d'eau.

Les flots de la mer d'*Ancone* s'élevè-
rent à une hauteur extraordinaire. Une
Montagne fut renverſée dans le Lac de
Garde.

<table><tr><td>C 4</td><td>Le</td></tr></table>

1470.   LE fixième Février mille-quatre-cent-foixante & dix, on fentit à *Bâle* un tremblement de terre, à !cinq heures après midi. Il y avoit beaucoup de neige, & le froid étoit exceſſif.

1492.   ON éprouva dans la même ville un tremblement violent, le feptième de Novembre mille-quatre-cent-quatre-yingt & douze.

1500.   EN mille-cinq-cent, la terre trembla en divers lieux. Pluſieurs endroits de la *Suiſſe* l'éprouvèrent.

1504.   EN 1504. le 27. May & le 10. Juin. *Geneve* eſſuia des tremblemens de terre [k].

1512.   EN mille-cinq-cent & douze, dans la Vallée de *Palenza*, deux montagnes jointes fe féparèrent. Je ne fai ſi ce fut l'effet d'un tremblement de terre.

1523.   LE dix & neuvième de May mille-cinq-cent-vingt & trois, à trois heures du matin,

il

[k] Indication de Mr. le P. JALABERT.

il se fit un grand tremblement de terre dans la Suisse. On fut fort effrayé à *Neufchâtel*, & dans le *Pays de Vaud*, en particulier à *Yverdon*.

La même année, trois secousses se firent sentir à *Bâle*, le vingt-septième de Décembre.

Au commencement de l'année mille-cinq-cent-trente & un, nouveau tremblement de terre en Suisse. Quelques maisons furent renversées en divers lieux.   1531.

La ville de *Lisbonne* fut renversée cette année-là par un tremblement, qui depuis le vingt & sixième Janvier dura huit jours de suite. Il se fit sentir dans une partie de l'Europe & de l'Afrique. Toute cette année & la suivante fut troublée par des phénomènes de cette nature.

Le septième Mars mille-cinq-cent trente & trois, on sentit à *Bâle* un tremblement violent; mais sans dommage. Au mois de Novembre de la même an-   1533.

née, toute la Suiſſe fut en allarme par un tremblement de terre, qui y cauſa cependant peu de mal. Dans le Comté de *Neufchâtel* il y eut quelque dommage. Le cours d'une riviére de la *Thurgowie* fut détourné. Ce fut une année orageuſe en Suiſſe.

1534. Le vingt & deuxième Octobre mille-cinq-cent trente & quatre, pendant la nuit, Zuric fut dans la conſternation. Un tremblement ſécoua violemment la ville & tous les environs.

Le vingt & unième & le vingt & deuxième Octobre ſuivant, un orage affreux fit du dommage, renverſa & déracina bien des arbres, dans les Cantons de Zuric & de Lucerne.

Il parut cette année une Comète. C'étoit la ſixième pendant les années 1530. 31. 33. & 34.

1538. En mille-cinq-cent-trente & huit, nouveau tremblement à *Bâle* & dans tout ce Canton. Ce fut le 28. Janvier. On aper-

aperçut divers météores ignées après ces fecouffes.

La même année le neuvième Juin, le bourg d'*Ardenna* fut couvert par la chû-te d'une montagne. Une montagne fe forme en *Italie* fur la fin de Septem-bre [*l*] de la même année.

Le neuvième Février mille - cinq - cent quarante & huit, on fentit à *Bâle* un tremblement de terre.   1548.

Un autre fut aperçu dans la même ville le feizième Septembre; mille-cinq-cent-cinquante & deux, fans malheur. Dans le même mois tout le *Valais* fut ébranlé.   1552.

En mille-cinq-cent-cinquante & fept, le vingt & quatrième Avril, autre trem-blement à Zuric & à *Vintbertur*. Il fut accompagné de beaucoup d'éclat; mais fans dommage.   1557.

L'an-

[*l*] Vid. Simon. Portii Epiftol. de Confl. agri Puteolani.

L'année précédente dans la dernière de ces villes on avoit vû un météore ignée, au deſſus d'une tour, le quatrième Juin, à ſept heures du matin. Ce phénomène avoit-il quelque raport avec le tremblement qui devoit ſuivre?

Le tremblement fut aperçu au *Pays de Vaud*, à *Yverdon* &c. dans les environs.

1560.   En mille-cinq-cent & ſoixante, le vingt & huitième Décembre, on vit une Aurore boréale en Suiſſe & en Allemagne.

1571.   Le dix & nieuvième Février mille-cinqcent ſoixante & onze, entre huit & neuf heures du matin, on éprouva à *Bâle* un tremblement violent.

On le ſentit dans toute l'*Alſace*. L'année fut printanière & fertile. L'hiver froid, l'été chaud.

1572.   Pendant l'année mille-cinq-cent-ſoixante & douze, pluſieurs endroits de la Suiſſe eſſuyèrent des tremblemens de terre, qui firent peu de mal.

On

On le fentit à *Laufanne* & dans les
lieux circonvoifins. Il fut plus fenfible
à *Aigle*; mais nulle part auffi violent que
dans le *Haut-Valais*.

L'année fuivante, mille-cinq-cent- 1573.
foixanté & treize, le vingtième de Septembre, *Zuric* & tous les environs de
fon Lac furent agités.

Le jour de la St. Thomas tout le Canton de *Glaris* effuya d'effrayantes fecouffes, accompagnées de bruit, & fuivies
de quelques dommages.

Le troifième de May de l'année fui- 1574.
vante, mille-cinq-cent-foixante & quatorze, *Genève* & fon voifinage furent é-
branlés. La porte de *Cornevin* fut renverfée dans le foffé. On fentit les fecouffes à *Villeneuve*.

Le vingt & quatrième Avril mille-cinq- 1575.
cent-foixante & quinze, *Genève* fut de
nouveau expofée au même effroi.

Le vingtième & le vingt & unième 1576.
Décembre, mille-cinq-cent-foixante &

fei-

feize, la ville de *Bâle* éprouva diveſſes ſecouſſes. Le froid étoit grand.

1577. En mille-cinq-cent-ſoixante-dix & ſept, *Genève* eſſuya encore quelques ſecouſſes. Le *Pays de Vaud* les reſſentit, à pluſieurs repriſes.

Bâle fut violemment ébranlée le vingt & deuxième Septembre de cette année. On y éprouva le même jour trois tremblemens. Le prémier entre deux & trois heures du matin. Le ſecond à cinq heures du ſoir, moins violent. Le troiſième la même nuit, plus fort que le ſecond.

Toute la Suiſſe ſentit plus ou moins ces ſecouſſes; on les aperçut dans le pays de Vaud, ſur-tout du côté d'*Aigle*. Le château de *Froutigue* fut fort ébranlé, à pluſieurs repriſes, pendant le cours de cette année.

1578. L'année ſuivante, mille-cinq-cent-ſoixante & dix-huit, le vingt & huitième de Septembre, Zuric en partuculier

fut

fut dans l'épouvante. Toute la Suiſſe
trembla.

Il avoit paru une comète en mille-cinq-
cent-ſoixante & ſeize, & on en vit une
autre cette année mille-cinq-cent-ſoixante & dix-huit.

Le tremblement du prémier de Mars 1584.
mille-cinq-cent-quatre-vingt & quatre fut
plus général encore & plus violent. Il
embraſſa toute la *Suiſſe* & les païs voiſins. C'étoit un Dimanche,

A la même heure après midi *Genève*
fut dans l'effroi. Les ſecouſſes y durèrent dix à douze minutes. Le tems y
étoit ſerein, l'air tranquile. Pluſieurs
cheminées furent renverſées.

Le bourg & le lac de *Gryffenſée*, à
deux lieuës de *Zuric*, furent violemment agités & ſouffrirent du dommage.

Le Gouvernement d'*Aigle*, dans le
Canton de *Berne*, fut fortement ſécoué.
Le tremblement redoubla trois jours de
ſuite, & le quatrième de Mars ſurvint la
chûte

chûte d'une montagne qui couvrit les villages d'*Yvorne* & de *Corbeiry*. Une grêle de pierre & de terre, pouſſée ſans doute par des feux ou des vents ſoûterrains, s'éleva avec force & coûvrit toutes les campagnes voiſines. Le l ac Léman, agité ſans aucun vent extérieur, s'élança dans les terres plus de vingt pas. [*m*]

Il faut que les ſecouſſes ſoient encore revenües pluſieurs jours après, puiſque la Rélation de Mr. le Vénérable Paſteur Buxtorf place au dixième Mars, un tremblement, qui fut aperçû, non ſeulement à *Bâle*, mais dans le reſte de la Suiſſe & dans la Savoye. Pendant cet été

[*m*] Voyez la Rélation de Claudius Alberius, en françois Claude Auberi, Profeſſeur à Lauſanne, De terræ motu Oratio, in qua *Hybörnæ* Pagi, in ditione Ill. Reip. Bern. ſupra lacum Lemanum, per terræ motum oppreſſi, Hiſtoria paucis attingitur, 1585. 8. Voyez auſſi Von den erſchrokliken Erdbiden was ſich d. 1. 2. & 3. Mertzen 1584 in der Vogthey Aelen, den Herren von *Bern* zuſtändig, durch diſen erſchroklikeð Erdbiden begeben und zugetragen habe. 1584.

été il y eut plûsieurs grèles & beaucoup
de tonnerres.

LE cinquième Novembre, mille-cinq- 1593.
cent-quatre-vingt & treize, on sentit un
tremblement de terre à *Neufchâtel* & en
divers autres lieux voisins.

Le 9. Janvier on avoit déja ressenti
quelques secousses à *Genève*.

EN mille-cinq-cent-quatre-vingt & 1594.
quatorze, le Canton de *Glaris* éprouva un
tremblement de terre. Une montagne y
tomba & fit quelque dommage.

Il y eut la même année de violentes
agitations à *Pouzol* dans le Royaume de
Naples [*n*].

L'année mille-cinq-cent-quatre 1597.
vingt-dix & sept, le dernier du mois
d'Août, le village de *Simpila*, du district
de *Brigue*, dans le Haut-Valais, fut

cou-

[*n*] Voyez KIRCHER M. S. Lib. IV. S. II. Cap.
X. p. 239.

couvert par la chûte d'une montagne voisine.

1600.   En mille-six-cent, le seizième de Septembre, le cours du *Rhône*, près de *Genève*, fut suspendu par un tremblement de terre ; il y eut, à trois ou quatre reprises, une forte de flux & de reflux. Le terrein sous l'endroit, d'où le *Rhône* fort du lac, fut soulevé ; ce soulévement & l'abaissement, qui succeda, donnèrent lieu à ce flux & à ce reflux.

1601.   En mille-six-cent & un, le huitième Septembre, entre une & deux heures après minuit ; on ressentit dans toute la *Suisse* un tremblement.

Il ébranla, non seulement la *Suisse*, mais l'*Europe* entière & même l'*Asie*. Il causa par-tout beaucoup d'effroi & en divers lieux non moins de dommage.

A *Genève* il donna d'autant plus d'épouvante qu'une année auparavant, au même mois, ils en avoient essuyé un pareil. Le lac fut fort émû sans apparence de vent.   Les

Les fecouſſes dans tout le *Païs de Vaud*
ſe firent appercevoir, accompagnées d'un
bruit dans l'air; à *Morges*, à *Lauſanne*,
à *Yverdon*, à *Orbe*, à *Aigle*. Il y eut
enfuite de grandes pluyes : Elles furent
ſuivies d'une inondation conſidérable à
Orbe & en divers autres lieux.

A *Lucerne* le cours de la *Reuſs* fut in-
terrompu, enſorte qu'une partie tomboit dans le lac & l'autre partie rebrouſ-
ſa & qu'on auroit pû paſſer à ſec dans le
lit, pendant un inſtant.

Zuric fut violemment agitée. Les
Magiſtrats faiſirent ſagement ces circonſtances pour faire des ordonnances pour
les mœurs.

A *Bâle* la maiſon-de-Ville fut extraordinairement ébranlée. On entendit un
grand fracas.

A *Berne* toutes les maiſons furent é-
branlées; mais ſans aucun renverſement.
Il y eut ſeulement quelques ornemens
extérieurs de l'Egliſe cathédrale renverſés.

                LE

1602. Le vingt & huitième Juin mille-six-cent & deux, à 6 heures du matin, *Zuric* & ses environs furent de nouveau sé-coués.

1604. En mille-six-cent & quatre, le quatorzième d'Avril entre neuf & dix heures, nouveau tremblement à *Bâle.*

1607. Trois ans après, tremblement de terre dans tout le Pays de Vaud, en particulier à Yverdon. Il fut suivi de plusieurs orages. C'étoit le 2. Avril 1607.

...On eut aussi divers tremblemens dans l'Europe durant cette année, qui fut très-orageuse. Il y eut beaucoup de maladies en divers lieux.

1610. En mille-six-cent & dix, le vingt & neuvième de Novembre, *Bâle* éprouva encore un tremblement, qui renversa une partie des murs de la ville. On entendit un murmure soûterrain, qui augmenta l'épouvante.

1612. Deux ans après, en mille-six-cent & douze, le vingt & neuvième Février,

la même ville éprouva un nouveau tremblement, mais sans dommage.

Dans le cours de l'année mille‑six‑   1614.
cent & quatorze, *Bâle* essuya deux tremblemens de terre assez violens ; l'un le
dix & septième Février, pendant la nuit;
& l'autre le vingt & quatrième Septembre après minuit, l'un & l'autre furent
accompagnés d'un grand bruit [o].

L'isle de Tercère, l'une des Açores
éprouva dans le même tems d'affreux
tremblemens. Ces isles y sont fort sujettes.

On vit dans le Canton de *Bâle* cette
année des météores ignées en l'air, qu'on
appelle *dragons‑ardens*, le vingt & cinquième Juin, à neuf heures du matin.
Y avoit‑il quelque rélation entre ces
phénomènes ?

En mille‑six‑cent‑dix & sept, le cin‑   1617.
quiè-

[o] Vid. Physic. Sect. III. Memb. I. Lib. I.
Cap. VI.

quième Juillet, un grand rocher tomba à *Fribourg* sur une maison, qui en fut écrasée.

La même année GASSENDI observe un tremblement à Aix en Provence [*p*].

1618.   EN mille-six-cent-dix-huit, *Pleurs* fut enseveli par la chûte de la montagne de *Conto*. Cet accident funeste arriva le 25. Août, pendant la nuit. Les habitans avec leurs maisons furent ensèvelis. Il périt plus de douze-cent personnes. On a varié sur le nombre. Nous suivons l'autorité de la rélation d'un Pasteur, [*q*] qui, la même année, publia la description de cet accident funes-

[*p*] voyez l'ouvrage de JEAN GEORGE GROSS D. en Théologie & Pasteur de St. Pierre à Bâle, *Basler Erdbiden* &c. Basel 1614.

[*q*] C'est BARTHOLOMAEUS ANHORNIUS, de *Hartwiss* proche de *St. Gal.* Il naquit en 1566 & mourut en 1640. *Vide Nova litteraria Helvetica* A. 1704. P. 39.

nefte. On voit un étang où étoit ce bourg [r].

On effuya auffi le même tremblement dans la *Valteline*. On en fentit les fecouffes dans la plûpart des villes du *Pays de Vaud*, & à *Neufchâtel*. On vit enfuite divers météores ignées en l'air.

Le vingt & neuvième Janvier mille-fix- 1619. cent & dix - neuf, il y eut un tremblement de terre affez fenfible à *Neufchâtel*, plus violent en d'autres lieux. Il faifoit un vent violent, qui fut fuivi de pluyes.

Au

[r] Voyez Erfchrokliche Zeitung, wie der fchöne Haubt-Flcken Plurs, in der Graffchafft Cleven, in der dreyen Graven Pündten alter Freyen Rhætia, Untherthanen Land in der nacht auf den 25. Aug. des 1618 jahrs, mit Leuth und Guth in fchneller eil untergangen feye. Lindau am Bodenfee. 1618. 4. C'eft là l'ouvrage de ANHORNIUS.

Voyez encore un autre ouvrage de J. G. GROSS, Pafteur de l'Eglife de St. Pierre à Bâle. Von dem erfchroklichen Untergang des Flekens Plurs in Pündten Bericht, Warnung und Troft. Bafel. Bey Jacob Trew. 1618. 4.

D 4

1620. Au mois de Janvier mille - six - cent & vingt, nouveau tremblement dans le Canton de *Berne*: *Froutigue* fut particulièrement fécoué. On le fentit à *Genève*, où on éprouva encore de nouvelles fecouffes en Décembre.

1621. En mille fix - cent - vingt & un, pendant le fermon du foir, le vingtième de May, jour de la Pentecôte, *Genève* & les environs, dans la Savoye & le *Païs de Vaud*, furent auffi fort fécoués. Le même tremblement fe fit fentir à *Bâle* & à *Neufchâtel*. Il y eut dans le dernier de ces endroits divers cheminées renverfées.

Le douzième de Septembre parut une Aurore - boréale, depuis neuf heures du foir à quatre heures du matin. On y diftinguoit des colonnes obfcures, pofées alternativement & relevées par des efpaces plus blancs. On appercevoit auffi un mouvement d'Orient en Occident.

1622. Au mois de Mars mille - fix - cent vingt & deux, on reffentit un tremblement

dans

dans la haute & baſſe - *Engadine*. Il fut
ſuivi de pluyes & d'orages.

En mille - ſix - cent - vingt & trois, de- 1623.
puis le vingtième au vingt & quatrième
Février, on ſentit diverſes ſecouſſes de
tremblement de terre dans toute la *Valteline*, dans la communauté de *Pergell*
dans les *Griſons*. Les monts *Septimer* &
Major furent ébranlés. Il s'en détacha
des pierres. Ce tremblement fut aperçu bien loin dans le païs de *Clèves* &
ailleurs.

Le vingt & deuxième Février mille-ſix- 1625.
cent - vingt & cinq, à onze heures avant
midi, il y eut un tremblement très-ſen-
ſible, en divers lieux de la Suiſſe.

L'année précédente une Iſle étoit
ſortie du fond de la mer par un tremblement, près de celle de *St. Michel*,
l'une des *Açores*.

En mille - ſix - cent & trente, le cin- 1630.
quième Juillet, on ſentit à *Bâle* un trem-
D 5

ble-

blement de terre, pendant la nuit. Le tems étoit froid.

La même année & dans la même ville il y eut un tremblement violent, le jour de Noël.

1633.   En mille-six-cent-trente & trois, on sentit dans le *Haut-Valais* un tremblement, qui n'y fit point de mal.

Il fut aperçu en Italie & au-de-là de la Méditerranée en Egypte [s].

Le Royaume de Naples avoit été très violemment agité deux années auparavant [t], il essuya encore quelques secousses celle-ci.

1638.   Au mois de Mars mille-six-cent trente & huit, on ressentit des secousses d'un tremblement de terre dans le Canton d'*Uri*, à *Bellinzone* & en quelques autres lieux.

Dans

[s] Vid. GASSENDI in vitâ PEYRESKII.

[t] KIRCHER, M. S. p. 239.

Dans le même tems, il y eut d'horribles tremblemens dans la *Calabre*, pendant quatorze jours [*u*].

LE vingt-deuxième Novembre mille-fix-cent quarante & deux, on fentit trois fecouffes de tremblement de terre, pendant la nuit, dans le Comté de *Neufchâtel*.   1642.

LE feizième Février mille-fix-cent-quarante & quatre, il y eut un tremblement de terre, qui fe fit fentir à *Genève* & aux environs [*v*].   1644.

Mr. JALABERT m'indique un autre tremblement reffenti à *Genève* le 13. Juin, à 5 heures du matin.

LE dix-neuvième Janvier mille-fix-cent-quarante & cinq, il y eut dans toute   1645.

[*u*] Voyez-en la rélation dans KIRCHER ; dans la Préface du Monde foûterrain C. II.

[*v*] Cet article & quelques autres m'ont été fournis par Mr. le Docteur DUBOSSON, Confeiller à *Vevey*, tirés des Régiftres de feu Mr. JAQUES DUBOSSON fon grand-père, Confeiller à *Morges*.

te la Suiſſe un vent d'Oueſt, ſi violent, qu'en pluſieurs lieux on crut avoir ſenti trembler la terre. Il renverſa des arbres, des murs & des tours. Les eaux du Rhône rebrouſſèrent à *Genève*.

1648.   Le vingt & troiſième de Novembre, mille-ſix-cent-quarante & huit, on apperçut quelques ſecouſſes dans le Comté de *Neufchâtel*. Il faiſoit du vent. L'hiver fut fort pluvieux. On reſſentit les mêmes ſecouſſes à *Yverdon*.

1650.   En mille-ſix-cent & cinquante, le Canton de *Berne* éprouva deux tremblemens de terre; le prémier qu'on aperçut à *Morges* le dixième Janvier ſe fit ſentir auſſi, quoique légérement, à *Neufchâtel*; le ſecond fut plus violent; il ſe fit ſentir le 10. Septembre à *Berne*, à *Lauſanne*, à *Vevey*, à *Lutry*, à *Morges* & dans d'autres lieux. Ce tremblement avoit été précédé, le jour auparavant, d'un orage furieux, qui fit beaucoup de ravages.

Le Canton de *Bâle* éprouva auſſi cette

te année - là plufieurs tremblemens , favoir le quinzième Mars , dans la nuit ;
le feizième May , à midi ; le onzième
Juillet à 4. heures du matin ; le onzième Septembre , à la même heure ; le
neuvième, le dixième, le treizième, le
feizième , & le vingtième Novembre à
différentes heures. Le plus violent de
tous fut celui du onzième Septembre ,
cependant fans beaucoup de dommage.

Cette même année la Seigneurie de
Hobenfaa , dans le Canton de *Zuric* ,
éprouva dix - huit tremblemens de terre
différens. Ce fut une année pluvieufe.

On fentit à *Genève* un tremblement 1651.
le 7. Decembre 1651, entre 4 & 5 heures après midi [*x*].

En mille - fix - cent - cinquante & deux, 1652.
le quatrième Février , les Cantons de
Zuric, de *Bâle* , de *Schaffoufe* furent
agités par un tremblement de terre affez
violent.

II

[*x*] Indication de *Mr.* Jalabert.

Il y eut aussi cette année-là divers tremblemens de terre dans le Canton de *Berne.* Le Comté de *Neufchâtel* fut aussi ébranlé, le dixième de Décembre. Il y tomba immédiatement après beaucoup de neige.

L'année précédente, mille-six-cent cinquante & un, le septième de Janvier, on avoit vû un météore ignée près de *Wedischwill*, qui voloit avec un bruit effrayant. C'étoit entre une & deux heures après minuit. N'étoit-ce point une Comète, qui parut cette année-là, & qu'on suppose avoir reparu 46 ans après [y]?

1653. Le quatorzième Janvier mille-six-cent-cinquante & trois, à minuit, il y eut à *Bâle* un tremblement de terre violent.

1654. Le dix & septième Mars, mille-six-cent-cinquante & quatre, on sentit un tremblement, en divers lieux de la Suisse.

[y] Histoire de l'Acad. R. des sciences de 1698. sur le retour des Comètes p. 90. & p. 59.

fe. Le Canton de *Glaris* en particulier effuya quinze tremblemens différens. Il y eut auffi de fréquens orages cette année & la fuivante.

On éprouva de même de violens tremblemens en *Italie* cette année, au mois de Juillet [z].

Dans le mois de Février mille-fix-cent-cinquante & fix, *Bâle* & tous fes environs furent expofés, dans une nuit, à trois tremblemens différens; & le feizième May, entre trois & quatre heures du matin, à un nouveau. Mr. le Ven. Pafteur Buxtorf en indique un troifième, dans le mois d'Août, par un tems pluvieux & froid, qui devint chaud bientôt après.

On reffentit auffi à *Neufchâtel* & ailleurs, les trois fecouffes du tremblement de Février. Ce fut le vingt & troifième du mois.

En

1656.

[z] Kircher M. S. Lib. IV. C. X. Art. II. p. 242. T. I.

1660.   EN mille-six-cent & soixante, la terre trembla six fois à *Neufchâtel*, depuis
le premier de Novembre jufqu'au cinquième Décembre fuivant. Les recoltes
furent abondantes.

1661.   EN mille-fix-cent-foixante & un, le
huitième ou le neuvième Janvier, entre
dix & onze heures du foir, tout le territoire de *Glaris* fut en allarme, à caufe d'un tremblement, qui fit quelque dommage.

La même année, près de *Soleure*, un
grand rocher tomba, près du mont *Jura*,
& fit beaucoup de mal.

Le vingtième Janvier, à fept heures
du matin, un globe de feu très-ardent,
parut tomber du ciel dans le Canton de
Glaris.

On en vit autant à *Wedifchwyll* à la
même heure.

Le vingt & cinquième, on fentit de
légéres fecouffes à *Neufchâtel*.

Dans

Dans le mois de Mars on essuya des secousses violentes de tremblemens du côté d'*Aigle* & dans le *Valais*. Le lendemain 28. il y eut des tonnerres, qui furent suivis d'une grèle, d'une grosseur énorme.

Léger tremblement du côté d'*Aigle*, 1663. dans le Canton de *Berne*, le cinquième Janvier mille - six - cent - soixante & trois. Retour au 10. Juin.

Depuis cette datte jusqu'au mois de Juillet de la même année, le *Canada*, & toute l'Amérique septentrionale furent fort agités [a]. Il y eut un bouleversement effroyable sur une surface de plus de 400 lieuës.

Le dixième Septembre de la même année, à dix heures de la nuit, toutes les Alpes du Canton de *Glaris* furent ébranlées. Les bestiaux mêmes furent effrayés du murmure. Le treizième il revint de nouvelles secousses, précédées & accompagnées

pagnées

[a] Mem. de l'Acad. des Sciences de Paris 1672

E

pagnées d'éclats, comme ceux du tonnerre.

1665.   DEUX ans après, en mille-six-cent-
foixante & cinq, le prémier de Mars, à
deux heures après minuit, ce même pays
éprouva les mêmes accidens.

Le trente & unième Mars & au mois
de May de la même année, quelques fecouffes fe firent fentir à *Neufchâtel*, fur-
tout dans les montagnes.

Les éruptions de l'*Etna* furent plus
terribles cette année-là. Trois nouvelles bouches s'ouvrirent.

1666.   EN mille-fix-cent-foixante & fix, le
premier de Septembre, il y eut un tremblement de térre à *Arbon*, ancienne
ville fur le lac de *Conftance*. Les eaux
du lac s'avancèrent fur le rivage de plus
de 25 à 30 pieds, & fe retirèrent fubitement.

Le deuxième, huitième & quatorzième Décembre, même accident à *Eglifau*
dans le Cantón de *Zuric*.

Le

Le onzième Décembre, on éprouva à *Bâle* un tremblement fort senfible.

L'année fuivante *Raguse* fut détruite par un tremblement [b] de terre.

En mille-fix-cent-foixante & huit, le vingtième Avril, entre trois & quatre heures après midi, *Glaris* fut encore agité. On entendit un grand bruit foûterrain : grande vapeur après les fecouffes.   1668.

Le fixième Juillet mille-fix-cent-foixante & dix, à deux heures après minuit, on fentit dans le Comté de *Neufchâtel* un tremblement de terre.   1670.

Le Canton de *Glaris* effuya encore la même année des tremblemens, le feptième Juillet, à trois heures du matin, & le dix-huitième Septembre: Murmure dans l'air.

Le neuvième Janvier mille-fix-cent-foixan-   1672.

[b] Voyez Kircher *M. S.* pag. 242. feq. Lib. IV. Cap. X. Art. II.

foixante & douze, à trois heures après
midi, & le douzième May, à onze heu-
rés & demi du matin, la Seigneurie de
Hoben - Saa fut agitée par deux tremblemens: le dernier fut accompagné d'un
bruit éclatant & fit du dommage. Il s'é-
tendit aux environs.

Le deuxième Décembre de la même
année, à trois heures du foir, il y eut
un tremblement très - fenfible à *Ufter*, à
Eglifau, à *Kybourg*, & autres endroits
du Canton de *Zuric*. Il faifoit fort froid.
Le tems dévint incontinent plus doux.

J. J. Wagner place encore un tremblement à *Zuric*, le dixième Décembre
de cette année. Je ne fai s'il eft différent du précédent [c].

1673.   En mille - fix - cent - foixante & treize,
on vit le retour des tremblemens dans le
Canton de *Glaris*. Celui du treizième
Février fut le plus fenfible. Il fut fuivi
d'une grande chûte de neige.

Au

[c] Voyez Helvet. curio. Wagneri.

Au mois de Mars mille-six-cent- 1674.
soixante & quatorze, on entendit à *Y-
verdon*, dans le Canton de Berne, un
bruit dans l'air, qui fut suivi d'un tremblement de terre, & les secousses d'une
vapeur.

Le sixième Décembre, dans la même
année, c'étoit un Dimanche, presque
toute la Suisse & divers pays voisins,
furent secoués. Le tremblement fut
sur-tout violent à *Bâle*. On étoit au
sermon du matin. Tout le monde sortit
effrayés des Eglises.

Hoben-Saa dans le Canton de Zuric
sentit plus vivement ce tremblement [d].

Le

[d] Voyez Grundtlicher Bericht von den natür-
lichen Ursachen der Erdbidmen, samt angehenkter
Historischer Erzehlung, was mehrentheils darauf
in unserem geliebten Vaterland erfolget. 4. Zuric. bey Mich. Schaufelbergers S. Erben. 1674.
Cet ouvrage est de Jacob Ziegler Docteur en
Médecine de Zuric, né en 1591 & mort en
1670. Il a fait la description de plusieurs Bains, de
ceux de *Grüningen*, de *Knonau*, de *Urdorff*, de
Schintznacht.

Le Canton de *Glaris* fut auffi particulièrement agité. A Näfels les fecouffes furent les plus violentes.

On vit peu après le tremblement deux efpèces de globes de feu, ou deux météores ignées, tomber du Ciel.

Deux ans auparavant, un phénomène, à peu près pareil, avoit été obfervé à *Zuric* & dans les environs, le vingt & quatrième Janvier, à cinq heures du foir. Il étoit accompagné d'un bruit éclatant. Il reparut le vingt & deuxième Février, à dix heures du foir, & le vingt & unième Mars, à huit heures du foir, en divers lieux. Quelque chofe d'approchant fut vû dans la *Turgovie* deux ans après, le vingt & neuvième de Mars mille-fix-cent-foixante & feize, à onze heures de la nuit. C'étoit fans doute des trainées de vapeurs fulphureufes qui s'enflammèrent dans l'atmofphère.

1678. Le dixième Juillet mille-fix-centfoixante & dix huit, au deffus de *Hoven-Saa*, une portion de montagne avec les

ar-

arbres, dont elle étoit couverte, tomba avec éclat. On voit maintenant dans l'endroit de la montagne détachée un rocher nud & abrupte. C'étoit sans doute une suite des tremblemens, auxquels ce lieu étoit auparavant sujet. C'est ainsi que se forment dans les montagnes ces précipices, ou ces terrains perpendiculairement coupés, qu'on ne voit pas sans frissonner.

Le 17. de Juin de cette année *Lima* avoit en partie été détruite par un tremblement.

Le vingt & cinquième Janvier, entre 1679. deux & trois heures après minuit, de l'an mille-six-cent-soixante & dix-neuf, le Canton de *Glaris* reçut encore de nouvelles secousses. On entendit un murmure soûterrain, avant, pendant & après.

Le vingt & quatrième Juillet de l'an-1680. née suivante, mille-six-cent-quatre-vingt, plusieurs endroits de la Suisse furent agités, & en particulier *Neufchâ-*

tel. A *Yverdon* on fut fi effrayé par la violence des fecouffes que diverfes perfonnes abandonnèrent leur maifon. A *Orbe* l'agitation fut fuivie d'un long murmure, qui dura plufieurs minutes. Le tremblement fut fuivi immédiatement d'orages, de grêles & de pluyes extraordinaires. Il y eut des inondations en divers lieux. Le *Païs de Vaud* y fut particulièrement expofé. Jamais on n'avoit vû tant d'eau aux environs d'*Orbe* & d'*Yverdon.*

Il y eut cette même année de violentes agitations de la terre en divers lieux de l'*Europe* & de l'*Afie*, en particulier dans l'*Italie.*

1681. L'année fuivante, mille-fix-cent-quatre-vingt & un, le vingt & feptième Janvier, entre dix & onze heures de la nuit, la Suiffe fut de nouveau ébranlée, fur-tout le Canton de *Glaris.* On fentit les fecouffes à *Neufchâtel.* Il faifoit un grand froid.

1682. *Bâle, Neufchâtel,* & toute la Suiffe,

éprou-

éprouvèrent, plus ou moins, des fecouffes, accompagnées en divers lieux d'un
bruit foûterrain & en quelques endroits
d'une agitation dans l'air, le douxième
May mille-fix-cent-quatre-vingt &
deux, entre deux & trois heures du
matin.

Ces fecouffes furent apperçues dans la
Savoye, la *Bourgogne*, le *Lyonois*, depuis
Lyon à *Paris*, & dans divers autres lieux
[e]. On avoit déjà effuyé quelques fécouffes à *Genève* le 2. May à deux heures & demi après midi. Celles du 12,
furent moins fortes dans ce lieu-là.

DANS le Canton de *Glaris* on apperçut plus fenfiblement ces effrayans phénomènes. Les fecouffes y furent fuivies
d'un grand éclat. Le feptième du même
mois de May un bruit comme celui du
plus grand coup de Canon s'y fit entendre

[e] Voyez Journal des Savans T. X. pag. 190.
& feq. & T. XIII. p. 475. &c. Voyez auſſi JOH.
HARDUINI Comment. in PLINII H. N. Lib. II.
Cap. LXXX. not. 12.

E 5

dre tout-à-coup: Il fit trembler tous les environs. Etoit-ce une éruption fubite d'un air échauffé, ou enflammé? Etoit-ce le paffage de l'air dilaté d'une caverne dans une autre, par un canal trop étroit? Ou enfin étoit-ce la chûte intérieure de quelque gros rocher, fervant de voute à ces grottes, qui donnent lieu à tous ces phénomènes? Je rapporte les faits, & je ne fais qu'indiquer les conjectures.

Le *Pérou* fut défolé par des tremblemens affreux dans cette année. Un fiécle auparavant il avoit éprouvé les mêmes defaftres.

Cette même année parut la fameufe Comète: On la regarda en divers lieux comme la caufe de tous ces phénomènes terribles: Elle en fut du moins la compagne. Y a-t-il, comme on l'a fuppofé, dans prefque tous les fiécles, quelqu'autre rapport entre ces Aftres & les tremblemens de terre, que celui de la rélation des tems? qui quelquefois, comme ici, peuvent coïncider. Y a-t-il quel-

quelque preffion fur l'atmofphère de la
terre par celui de l'atmofphère de la
Comète ? Y a - t - il quelque attraction
mutuelle & fenfible de la maffe de l'une
de ce Planètes à l'autre ? La Comète,
chargée de parties ignées, qu'elle a pui-
fé dans fon périhélie, les communique-
t-elle à notre Globe ? Enfin fes vapeurs
peuvent-elles augmenter la quantité, ou
la denfité des nôtres ? Je laiffe aux Af-
tronomes & aux Phyficiens l'examen &
la décifion de ces queftions.   Le fait eft
certain, de grands événemens, dont le
Père Riccioli fe plait à donner une
longue lifte , ont précedé, accompagné,
ou fuivi l'apparition de ces Aftres (*f*).
Sans admettre toutes ces influences, &
nous bornant au Phyfique, je crois qu'il
ne faut pas trop légérement rejetter
une influence d'action, qui n'a rien d'im-
poffible (*g*).

On

(*f*) Almageft. Lib. VIII. Cap. III. & V. Voyez
auffi les Penfées fur la Comète de Bayle.

(*g*) Deux Philofophes penfent de même: Gre-
gory, Elementa Aftronom. Phyfic. Lib. V. Co-
rol.

On suppose que la révolution périodique de cette Comète de 1682, autour du soleil, est de soixante & quinze ans environ, & qu'elle avoit paru en 1607, en 1531, ou 1532, & en 1456, ou 1457: Années dans lesquelles on a effectivement éprouvé de violentes secousses de tremblement de terre. Suivant ce calcul cette Comète devroit reparoître au moins au commencement de l'année 1758, ou sur la fin de 1757.

Halley (*b*) soupçonne aussi que la Comète de 1661, & celle de 1532 sont la même, qui employe 129 ans à parcourir son orbe elliptique, & qui par conséquent reparoîtroit en 1790.

Il avoit aussi paru une Comète en 1680. Remontant en arrière Whiston la retrouve en 1106, en 531, ou 532, & 44 ans avant Jésus-Christ. Sa période

de

rol. II. Prop. IV. Mr. de Maupertuis, Lettre sur la Comète.

(*b*). Astronom. Cometic. Synops.

de feroit d'environ 575. La feptième
depuis 1680 tombe dans l'année du Dé-
luge, dont elle fut, felon cet Auteur,
la caufe. Ce fut fans doute par de violentes fecouffes du Globe, par des
tremblemens extraordinaires, que les
eaux jaillirent au déhors, que les fontaines des abimes s'ouvrirent. L'attraction de la Comète fur la terre, allongeant
la furface du Globe vers la Comète, fit
peut-être créver fa furface & fortir les
eaux fouterraines, tandis que la queuë
énorme de cet Aftre, qui occupoit le
tiers ou la moitié du Ciel, & qui étoit
une immenfe atmofphère, chargée de vapeurs aqueufes, fit pleuvoir pendant
quarante jours (i). Soit par une forte
de preffion, ou par attraction, les eaux

in-

(i) Voyez WHISTON, A new Theory of the
Earth. Voyez auffi Bible de M. CHAIS T. I. fur
Genef. VII. &c. Hiftoire univerfelle trad. de l'Anglois T. I. Voyez auffi Structure intérieure de la
terre par E. B. fecond Mémoire: pag. 76. & fuivant: Zuric 1752.

intérieures purent être forcées de sortir de toute part du sein de la terre, par l'approche de la Comète, dans son périgée. Elle s'est aprochée en 1680, dans son périhelie, du soleil, jusqu'à la sixième partie de son Diamètre, d'où Newton conclud qu'elle a acquis un dégré de chaleur deux mille fois plus ardent que celle d'un fer rouge (*k*). Elle put donc, peut-être, communiquer quelque chaleur à notre atmosphère, en le traversant. Peut-être que cette même Comète, ou quelqu'autre, revenant un jour, & rapportant du soleil des exhalaisons brulantes, causera l'incendie universel, qui doit consumer notre Planète.

Du Hamel dérange, il est vrai, tout le système de Whiston, en soutenant, par la conformité du cours, que les Comètes de 1680 & de 1577

étoient

(*k*) Voyez les tables du mouvement de plusieurs Comètes, Principia Philosoph. Isa. Newtoni, Lib. III. Prop. XLI. & XLII.

étoient la même (*l*).   Durant cette dernière année on essuya de grands tremblemens de terre.

Petit pense de même des Comètes de 1618 & de 1664 (*m*). Fontenelle assure la même chose de celles de 1652 & de 1698 (*n*). Une Comète dans son retour peut n'être pas aperçuë; si elle est trop voisine du soleil, elle est cachée par l'éclat de cet Astre: souvent ainsi on n'aperçoit pas Mercure dans quelques-unes de ses révolutions. Durant le jour elles peuvent de la sorte être invisibles, & avoir leur retour périodique sans être aperçues. Je reviens à la suite des rélations des tremblemens de terre.

En 1684, le 26 de Février, entre huit   1684. & neuf heures du soir, plusieurs endroits

de

(*l*) Du Hamel Reg. Scient. Acad. Histor. Lib. II. Sec. IX. Cap. V. p. m. 211. seq.

(*m*) Dissertat. sur la nature des Comètes.

(*n*) Histoir. de l'Acad. R. des Sciences: 1698. P. 59. & 90.

de la Suiffe & des Contrées voifines ref-
fentirent des fecouffes. Quelques maifons
furent renverfées, ou ébranlées, fur-tout
dans le *Haut-Valais.*

1685.   Lé même jour de l'année füivante, &
à la même heure, à moins qu'on n'ait
confondu l'année mille fix-cent quatre-
vingt & quatre, avec l'année mille-fix-
cent-quatre-vingt & cinq, il doit y
avoir eu un tremblement dans prefque
toute la Suiffe. Il fut très-fenfible à
Laufanne. On le fentit à *Bâle ;* le *Haut-
Valais* fut fur-tout agité.

Le neuvième Septembre on en reffentit un nouveau à *Glaris.* Il fut affez
violent ; l'air étoit très-ferein.

1687.   De nouvelles fecouffes fe firent apercevoir dans le Canton de *Glaris* le cinquième Mars, mille-fix-cent-quatre-
vingt & fept.

Le 20 Octobre de cetté même année
il y eut un tremblement affreux dans le
Pérou (o).   L'an-

(o) Voyages de l'Amérique de Don Ulloa, T.
I. p. 466.

L'année mille-six-cent-quatre-vingt 1688. & huit, fut très-funefte à la ville de *Smirne* & à celle de *Naples*, qui furent en partie renverfées par les tremblemens de terre.

CETTE année fut auffi marquée par des orages & des tempêtes extraordinaires, qui défolèrent tout, aux environs de *Laufanne*, & depuis *Grandfon* jufqu'à *Neufchatel*; de même qu'aux environs de *Zuric*, à *Thonon*, à *Chambery* &c.

ON obferve que ces grands orages précédent ou fuivent affez fouvent les tremblemens de terre confidérables. C'eft ce qu'on a pu remarquer en dernier lieu, la nuit du premier au fecond de Novembre 1755; le jour même du défaftre de Lisbonne. Huit jours après, la nuit du huitième au neuvième, il s'éleva encore un orage terrible, qui a embraffé une vafte étenduë de pays; auffi bien que la nuit du dix & huitième au dix & neuvième Février de l'année fuivante, après un tremblement confidérable, qui étoit arrivé ce même jour-là. Un vent impétueux a soufflé encore la nuit du huitième au neuvième & celle du 18. au 19. de Mars 1756. Cette grande agitation de l'air a été, comme beaucoup d'autres, précédée & suivie en divers lieux de tremblemens de terre, comme on a pû s'en instruire par les nouvelles publiques.

1689.   Au mois de Juin mille-six-cent-quatre-vingt & neuf, on sentit quelques secousses à *Neufchatel* & aux environs.

1691.   En mille-six-cent-quatre-vingt & onze, tremblement à *Bale*, le vingt & sixième Janvier, à six heures du matin.

1692.   On éprouva dans le *Valais* & dans quelques endroits du *Pays de Vaud*, des secousses de tremblement de terre, en mille-six-cent-quatre-vingt & douze.

Il s'étendit en Angleterre, en Hollande, en Flandre, en Allemagne, & en France. Aux environs des côtes maritimes & dans les Pays coupés de montagnes il fut plus sensible (*p*).

Il

(*p*) Ray's discourse, pag. 272.

La province de *Quito*, dans le Pérou, fut abimée par d'affreux tremblemens cette même année (*q*).

Le 7 de Juin de cette année *Port-Royal*, dans la Jamaïque, & divers lieux de la côte, furent renverſés par un tremblement fort violent. La mer ſoulevée ſe répandit ſur les côtes, qu'elle ſubmergea. Les neuf dixièmes de la ville de *Port-Royal*, en deux minutes de tems, furent renverſées ou ſubmergées. Les ſecouſſes revinrent, à pluſieurs repriſes, juſqu'au 20. du même mois, & enſuite, avec moins de violence, pendant deux mois environ.

Le neuvième de Janvier mille-ſix-cent-quatre-vingt & treize, on eſſuya quelques ſecouſſes de tremblement de terre à *Lauſanne*, à *Orbe*, à *Yverdon* & dans d'autres endroits du *Pays de Vaud*. Les marais d'*Orbe* s'emplirent ſi exceſſivement, qu'on ne put pas les approcher de

1693.

de

[*q*] Hiſtoire des tremblemens de terre du Pérou. la Haye 1752.

de toute l'année. Les lacs de la *Vallée de Joua* furent aussi fort hauts.

Le tems étoit très-froid. Il dévint chaud presque tout à coup. On eut quelques pluyes chaudes & le printems fut fort avancé.

: Le même jour toute la *Sicile* & la *Basse-Calabre* furent violemment ébranlées par un tremblement extraordinaire. Sept Villes, plusieurs Bourgs & grand nombre de Châteaux furent abimés. *St. Agouste* devint un lac. La mer se fit une ouverture dans ce lieu-là. Les secousses alloient de Sud-Est au Nord-Ouest.

1701.
&
1702.

Depuis le dix & neuvième du mois d'Août mille-sept-cent & un jusqu'au troisième Janvier mille-sept-cent & deux, le territoire de *Glaris* a éprouvé trente & sept tremblemens, & selon quelques-uns cinquante. Cette différence peut venir de celle de la situation des observateurs & des lieux de l'observation. Ces tremblemens furent comp-

posés de plus ou moins de secousses;
souvent accompagnés de murmure, &
quelquefois d'éclat.

LE tremblement de terre qu'on sentit
cette année en *Italie* fut aussi accompagné d'un bruit effrayant (*r*).

LE quatrième Novembre mille-sept-   1704.
cent & quatre, entre quatre & cinq heures du matin, *Zuric* & son territoire
éprouvèrent un tremblement de terre.

A la même heure il s'éleva un vent
violent à *Bâle*, accompagné d'éclairs &
de tonnerres & suivi d'une pluye très-
abondante, sans aucun ébranlement sensible de la terre. Ces deux phénomènes,
de la terre & de l'air, ont-ils d'autres
rapports que celui de la simultanéité?

EN mille-sept-cent & cinq, le vingt   1705.
& quatrième Septembre, à dix heures
avant midi, *Eglisau* fut violemment sé-
couée.

[*r*] Histoire de l'Acad. R. des Sciences de Paris, 1704.

couée. Le reſte du Canton de *Zuric*
fut foiblement ébranlé. Le *Rhin* fut
agité, avec bouillonnement.

Le treizième Novembre, les ſecouſſes
revinrent à *Zuric*, plus ſenſiblement,
entre trois & quatre heures de l'aprés
midi. Le *Turgaw*, le *Tockembourg*, la
Souabe & divers autres pays furent plus
ou moins ébranlés : dans quelques endroits avec éclat.

1712.   La nuit du jeudi au vendredi 11. Août
1712, entre onze heures & minuit, les
habitans de *Bea* furent réveillés par un
tremblement fort violent. La nuit étoit
claire, la lune brillante, le tems frais.
Ces ſecouſſes furent apperçuës dans tout
le Gouvernement d'*Aigle* juſqu'à *Vevey*,
de même que dans tout le *Valais*. Elles
furent ſuivies d'un long ſiflement dans
l'air. Au commencement du même
mois on avoit reſſenti, à trois repriſes,
des ſecouſſes moins fortes, qui ne furent pas même apperçuës de tout le
monde.

En

En mille-sept-cent & quatorze, le 1714.
vingt & neuvième Décembre, à sept
heures & demi du soir, le territoire d'E-
glisau tremble. Une heure & demi après
les secousses reviennent.

Léger tremblement dans le *Valais*, 1715.
le 10 Février 1715. Tems froid. Il dévint doux d'abord après les secousses.
Le 11. Avril trois secousses à *Géné-
ve*. [*s*]

A sept heures & demi du soir, le cin- 1716.
quième Avril mille-sept-cent & seize,
retour de tremblement à *Eglisau*.

En May & Juin divers tremblemens
de terre se firent sentir à *Catanée*, à *Sy-
racuse*, & d'une manière beaucoup plus
terrible à *Alger*; où il périt plus de
vingt-mille personnes.

On ressentit aussi à *Genève*, à *Nion*, &
à *Morges* quelques secousses, le vingt-cinquième de Juin. Le 29 du même mois
re-

[*s*] Indication de Mr. le P. Jalabert.

retour à *Genève*, entre dix & onze heures du foir.

Le vendredi vingtième Novembre de
cette même année, à deux heures après
midi, on entendit dans le *Val-de-Ruz* &
aux environs, dans le Comté de *Neufchâtel*, un grand bruit dans l'air, qui
dura environ fept ou huit minutes. Quelques-uns crurent, peut-être avec le
plus de fondement, que ce bruit étoit
fouterrain.   Le Jeudi fuivant vingt &
fixième Novembre on fentit, à trois
heures du foir, un tremblement de terre dans tout le *Val-de-Ruz*, à *Neufchâtel* & aux environs.

1717.   Pendant le cours de l'année fuivante, mille-fept-cent-dix & fept, trois
fois la terre trembla dans le diftrict d'*E-
glifau*; le fixième Juillet, à quatre heures après midi; le dix & huitième Décembre, à huit heures du foir; le vingt
& fept Décembre à midi.

Cette même année le neuvième d'Août,
la terre trembla auffi dans le Comté de
Neuf-

Neufchâtel. Le Printems avoit été extrêmement froid. Il étoit tombé de la
neige tout le long du lac de *Neufchâtel*
le onzième May: il avoit gelé le douzième. Ce froid ne fit cependant pas
du mal aux plantes, parce qu'elles é-
toient retardées.

Deux tremblemens encore l'année 1718.
suivante mille-sept-cent-dix & huit,
dans le même territoire, le dix & septième de Juillet, entre cinq & six heures
après midi; & le dixième de Décembre,
entre cinq & six heures du soir.

Le vingtième Décembre mille-sept- 1720.
cent & vingt, à cinq heures & demi du
matin, le pays de St. *Gall*, le *Turgow*,
les environs du lac de *Conſtance* trem-
blèrent. A *Appenzell*, à *Reinegg*, juſqu'à *Lindau*, il y eut quelques maiſons
renverſées. Ce tremblement fut accompagné de bruit & suivi de vapeurs ſul-
phúreuſes & d'un vent chaud. Le tremblement dura à peine une minute.

F 5   A

A. *Zuric* il fut apperçu à la même heure; mais foiblement.

A *Roggweil* près d'*Arbon*, à *Arbon* même, à *Maſchweilen*, des murs épais furent fendus.

A huit heures du matin, le même jour, de nouvelles ſecouſſes à *St. Gall.* La veille on y avoit eu un vent du Sud puant, accompagné de pouſſiére. Après le tremblement, pluye violente, vent Sud-Oueſt, l'air étoit chaud.

A *Zuric*, le dix & neuvième, le ba-romètre étoit à vingt & ſix pouces cinq lignes & un quart, & le vingtième, à vingt & ſix pouces trois lignes.

Le vingt & ſixième Février de cette même année, à ſept heures & demi du matin, la terre avoit auſſi tremblé à *E-gliſau.*

Le dix-huitième Octobre, on avoit ſenti, dans le Comté de *Neufchâtel*, une ſecouſſe de tremblement de terre, pen-dant

dant la nuit, accompagnée d'une violente tempête. Les fontaines en furent
troublées.

Le troifième Juillet mille-fept-cent-
vingt & un, à fept heures & trois quarts
du matin, tout le Canton de *Bâle* trembla. Cette commotion fut précédée
d'un murmure fouterrain. Quelques
murs furent fendus & quelques cheminées découvertes. On diftingua deux
fecouffes, deux allées & deux venuës,
d'un mouvement horifontal, de l'Eft à
l'Oueft. 1721.

A *Wallenbourg* il fut plus violent:
dans tout l'Evêché de *Bâle* fort fenfible: à *Porentrui* accompagné d'un bruit
éclatant & fuivi d'une odeur forte: à
Mulbaufen effrayant. Dans quelques endroits de l'Alface il caufa du dommage.

A *Berne* & dans le Canton il fut apperçu à la même heure, plus le long de
l'*Aar* qu'ailleurs.

A *Lucerne* on le fentit foiblement,
plus au bas qu'au haut de la ville.
                                    Peu

Peu fenfible à *Zuric*; plus au-delà du
du mont *Albis* qu'en deça.

On obferva qu'immédiatement après
ce tremblement il s'éleva un froid pi-
quant; mais qui dúra peu.   Plus ordinairement on remarque que l'air devient
plus chaud, ou moins froid.

Quelques jours après ce tremblement,
il y eut de grands orages, qui firent
beaucoup de mal en *Italie*.   Cette année-là avoient paru divers Phénomènes,
tant en Suiffe qu'ailleurs; ils furent a-
perçus à Berne quatre jours confécutifs,
au mois de Janvier.

La Suiffe ne fut pas le feul païs qui
éprouva des tremblemens de terre; ils
furent tout-autrement fenfibles en *Hongrie*, le quatrième Avril; & en *Perfe*,
le neuvième, où la ville de *Tauris* fut
abimée, & une infinité de perfonnes périrent.

1723.   Lᴇ treizième Avril mille-fept-cent-
vingt & trois, retour de tremblement de
terre à *Eglifau*, fans dommage.

L'an-

L'année fuivante grandes inondations dans le même lieu. La quantité de l'eau de la pluye monta à trente & un pouce une ligne & un quart [t] pendant cette année-là.

Le trentième Juin & le prémier d'Août mille-fept-cent - vingt & cinq, il tomba une montagne dans le pays de *Glaris*. Cette chûte, ou cet affaiffement, fut précédé d'un bruit foûterrain; il fe fit des crevaffes, d'où l'on vit fortir de l'eau, pendant dix jours. Après l'enfoncement & la chûte de la montagne le terrein dévint marécageux. Il y a des places, où l'on ne peut pas trouver le fond du marais, ou la bafe folide, qui le foutient. Ce défaftre caufa du dommage.

Le troifième Août de la même année, mille-fept-cent-vingt & cinq, le vendredi à deux heures après midi, tout le territoire d'*Eglifau* trembla. Les deux côtés du *Rhin* furent ébranlés. La commotion

[t] Acta Berolinenfia, 3. vol. 1727. pag. 108. 128.

tion fut précédée d'un bruit comme celui d'un coup de tonnerre éclatant, ou d'un coup de canon. Le bruit venoit de la montagne du côté de *Hohen-Egg*.

1726. En mille-sept-cent-vingt & six, à *Eglisau*, deux tremblemens; l'un le seizième Février, l'autre le septième Juillet, à sept heures du matin. Celui-ci, le plus violent, a été aperçu à *Hilten-berg*, vers *Glattfelden*, qui jusqu'alors n'en avoit point resenti.

On a aperçu ces secousses à la même heure à *Berne* & dans quelques endroits du *Pays de Vaud*. Tous les environs de *Froutigue* furent violemment secoués, & tout le *Sibenthal*. Les fontaines furent troublées.

1728. Le troisième Août mille-sept-cent-vingt & huit, entre quatre & cinq heures du soir, on sentit à *Berne* un tremblement de terre, qui fit sonner, jusques à cinq fois, la cloche du grand horloge. Il est à observer que le jour précédent il y avoit eu une terrible tempête, accompagnée de grands tonnerres. On l'aperçut à *Genève*, à la même heure [*u*].

La fecouffe fe fit fentir, à la même heure, à *Zuric*, à *Bâle*, à *Eglifau*, à *Strasbourg* & en divers endroits de l'*Allemagne* le long du *Rhin*. Le tremblement fut réïteré à *Bâle*, pendant la nuit, & à *Strasbourg* l'on effuya cinq fécouffes, depuis les quatre ou cinq heures du foir, jufqu'à environ les trois heures après minuit. Le *Rhin* enfla confidérablement & s'éleva jufqu'à la hauteur d'une pique.

Au mois de Janvier mille-fept-cent-vingt & neuf, le treizième, on fentit à *Laufanne*, entre dix & onze heures du foir, de légères fecouffes. La Cité, la partie la plus élevée de la ville fut un peu plus agitée. On fentit une odeur de fouffre.

A *Berne* on aperçût le même tremblement. Mais il fe fit fentir plus vivement fur

les

1729.

___

[*u*] Relation de Mr. le P. JALABERT.

ſes bords des lacs de *Thoun* & de *Brientz*.
Des batteaux furent pouſſés avec violence ſur les bords. Le château d'*Interlacken* ſe fendit: celui de *Spiez* fut fortement ſecoué.

C'eſt à *Froutigue* que les ébranlemens
furent les plus forts & les plus durables.
Ils durèrent, non ſeulement toute la
nuit du treizième, à différentes repriſes;
mais ils revinrent huit nuits de ſuite, à
peu près périodiquement, commençant
à dix heures du ſoir, & finiſſant à ſept
heures du matin. La nuit du treizième
étoit belle, mais très-froide. Il ſouffloit
un vent foible du midi. D'intervalles
en intervalles ce vent ſe renforçoit,
puis il ceſſoit, & au moment qu'il ceſſoit, les ſecouſſes revenoient. Il ſe fit
quelques fentes aux murs du château &
à ceux de l'Egliſe de *Rykenbach*, qui eſt
à une lieuë de là. La terre s'entrouvrit
à quelque diſtance du côté du *Sibenthal*.

Ce tremblement ſe fit ſentir auſſi à
Genève, à *Vevey*, & généralement dans
tout le *Pays-de-Vaud* à la même heure.

re [*v*]. Il revint à Genève le 18. Janvier à 9 heures & un quart du foir.

A *Zuric* il y eut trois fecouffes; la prémière, entre dix & onze heures du foir; la feconde, à deux heures après minuit; la troifième, vers les cinq heures du matin, & ce tremblement avoit été précédé quelques jours auparavant d'éclairs, comme en Eté.

A *Rettingen* le tremblement dura plufieurs jours; il caufa quelque dommage à *Conftance.* Cette même année il y eut divers tremblemens de terre en *Italie* & même en *Suede.*

On fentit à *Genève* le 13. Juin 1736. à 6 heures 12 minutes du matin un tremblement de terre [*x*].

En mille-fept-cent-trente & fept, le douzième Février, une partie du *Bas-Va-*

1736.

1737.

[*v*] Relation de M. le Prof. JALABERT, & de Mr. le Min. MURET.

[*x*] Rélation de M. le P. JALABERT.

Valais.tremble. Tems froid & fereiñ.
On aperçoit quelque mouvement en
quelques endroits du *Pays de Vaud*.

Une Comète paroit dans cette même
année. On en a vû fix depuis, favoir
les années 1739. 42. 43. 44. 46. & 48.

1739. LA nuit du 17. au 18. Janvier mille-
fept-cent-trente-neuf, s'éleva ùn orage
fi terrible qu'on ne fe fouvenoit pas d'en
avoir jamais vû un pareil. Il déracina
en Suiffe des forêts entières, que la fage
prévoyance de LL. EE. de *Berne* fit
mettre en referve, pour fervir dans le
befoin à des ouvrages de charpente. Cet
orage regna dans toute l'Europe, & fit
de grands ravages, tant fur terre que fur
mer, dans une immenfe étenduë.

1743. LE huitième Novembre mille-fept-
cent-quarante & trois, entre huit & neuf
heùres du matin, on éprouva à *Bâle* un
tremblement fört fenfible. Aux environs
de la ville on entendit un murmure fouterrain.

On

On eprouva dans le *Haut-Valais* deux   1746.
tremblemens affez fenfibles, dans le cours
de cette année, mille-fept-cent & quarante fix; le dernier, du 28. Octobre,
fut le plus fenfible.

C'eft ce même jour que les villes de
Lima & de *Pallao*, dans le *Pérou* furent
abimées; la prémière fut renverfée par
les fecouffes, celle-ci fut fubmergée
par la mer foulevée [y]. Dans le tremblement de 1755. on a vu de même la
mer foulevée à *Lisbonne*, à *Cadix* & en
d'autres lieux.

Le 18. Avril mille-fept-cent-quarante   1748.
& huit, entre fix & fept heures du foir,
on fentit, aux environs de *Vevey*, une
fecouffe d'un tremblement de terre, &
un quart d'heure après, une feconde,
mais moins forte.

On fentit à *Genève* quelques fecouffes   1753.
d'un

[y] Hiftoire des tremblemens de Terre arrivés à
Lima &c. La Haye 1752.

d'un tremblement de terre le 19. Mars 1753, à 2 heures 23 minutes du soir [z].

1754. Au mois de Septembre mille-sept-cent-cinquante. & quatre., un tremblement s'est fait sentir depuis *Brigue* jusqu'à *Villeneuve*. Le château de l'Evêque, à *Sion*, fut ébranlé & endommagé. On entendit à *Bea* un bruit, qui venoit des montagnes, d'où les Payfans effrayés defcendirent avec précipitation. Des quartiers de rocs s'écroulèrent en divers endroits du Gouvernement d'*Aigle*. C'étoit un Jeudi entre midi & une heure, le 19. Le bruit reffembloit à celui de la décharge d'une nombreufe artillerie, entenduë dans l'éloignement. L'éclat fut fuivi d'un long fiflement, très-lugubre. Les balancemens de la terre étoient du Sud au Nord : ils furent plus fenfibles dans les montagnes que dans la plaine. Le 12. du même mois, un peu avant le point du jour, & le 13, à quatre heures après midi, on avoit déja reffenti,

dans

[z] Relation de M. JALABERT.

dans les mêmes lieux, quelques agitations.

Durant cette année mille-sept cent &
cinquante quatre, & la précédente on a
observé des tremblemens de terre, qui
ont parcouru depuis *Confantinople*, ou
aux environs, jusqu'au *Caire* par *Smirne*.
En 1750. le 19. de Mars à 5 heures & 40
minutes Londres avoit aussi été effrayée
par quelques secousses, qui ne causèrent
aucun dommage.

On raporte un événement assez singu-
lier, dont M. Ruchat parle en ces
termes [a] : „ Au côté méridional du
„ Chœur (du grand Temple de *Lau-*
„ *fanne*) est une grande fenêtre, à une
„ hauteur considérable, qui a la figure
„ d'une rose. Un tremblement de terre
„ fendit le mur, où elle est percée, &
„ dix ans après une autre secousse ra-
„ procha les parties, si exactement
„ qu'on n'y aperçoit plus rien ".

Quoi-

[a] Etat & Délices de la Suisse T. II. p. 258.

G 3

Quoique nous n'ayons pû découvrir la datte précife de ce fait, il nous a parû mériter place dans ce Mémoire. Il doit être arrivé entre mille-fix-cent & foixante & mille-fix-cent & quatre vingt.

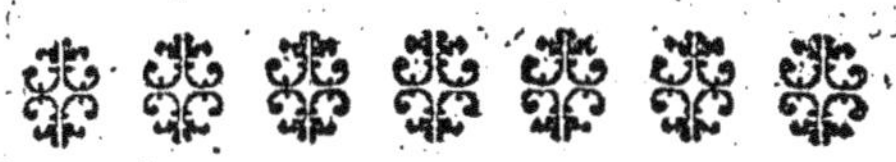

TROISIEME MEMOIRE.

Relation de ce qui a été observé en Suisse le premier de Novembre 1755. avec un détail de quelques faits, qui y ont du rapport et qui se sont passés ailleurs.

AFIN que la rélation des faits fourniſſe à un Phyſicien des lumières pour leur explication, il faudroit qu'ils fuſſent détaillés. Telle circonſtance omiſe fourniroit peut-être, ſi elle eut été bien obſervée & exactement préſentée, le dénouement cherché. C'eſt dans cette vuë que j'ai receuilli tout ce que j'ai pu apprendre de certain ſur ce qui a été obſervé dans la *Suiſſe* le premier de Novembre de l'année mille-ſept-cent & cinquante-cinq, époque ſi fatale à la ville de *Lisbonne*

Deſſein de ce Mémoire.

G 4

&

& si funeste à diverses autres villes & à plusieurs contrées de l'*Europe* & de l'*Afrique*. J'ai joint les observations, faites ailleurs, qui ont un rapport de ressemblance, ou de simultanéïté, avec celles de la *Suisse*. Je laisse à ceux qui ont été plus à portée, ou de rassembler les faits, ou d'observer les événemens, le soin de nous donner des rélations circonstanciées, des malheurs de *Lisbonne*, & des autres lieux, qui ont participé à ces désastres. Je n'ai rien encore vu de précis sur ce sujet, qui parût parti de la plume d'un Physicien.

Effets du tremblement du 1. de 9bre en Suisse.

O n aperçut différens effets de cette terrible commotion de la terre du prémier Novembre, en *Suisse* & ailleurs. Le foyer de l'inflammation, ou de l'effervescence étoit sans doute sous la Capitale infortunée du Portugal ou sous la mer aux environs ; mais le rétentissement, ou l'ébranlement, se fit sentir dans nos lacs & nos sources, de manière cependant qu'on ne put, sur le champ, savoir ce que c'étoit ; ce ne fut

qu'aqu'après les prémières nouvelles du défaftre de *Lisbonne* détruite qu'on comprit que ces divers phénomènes étoient les fuites d'un tremblement de terre.

Les eaux de prefque tous les lacs furent fenfiblement empuës ou foulevées, & les fontaines fe troublèrent en divers lieux.

Effets fur les lacs & rivières dans le Canton de Berne.

Le *Lac Lemen* eut, environ fur les dix heures du matin, du côté de *Vevay*, *La Tour*, *Chillon*, *Villeneuve*, un mouvement fenfible. Trois fois fes eaux montèrent brufquement & fe retirèrent de même. Une barque, partie de *Vevay*, allant à pleines voiles, recula tout à coup [b]. On n'a rien apperçû du côté de *Morges*, ni de *Genève*, peut-être parce que le lac n'eft pas fi profond de ces côtés-là; ou peut-être par ce que le mouvement étant venu du côté de *Lisbonne*, ayant commencé d'agir à l'extrémité inférieure du lac, a dû y être

[b] Rélation de M. Muret Pafteur à *Vevay*.

être peu fenfible, & l'être beaucoup plus vers le bout fupérieur; tout comme les vagues font beaucoup plus fortes du côté oppofé à celui d'où le vent vient. Si l'on eut obfervé avec foin les phénomènes du 1. Novembre, il y a grande apparence qu'on auroit remarqué dans tous les lacs une agitation plus grande du côté oriental.

Des Pêcheurs, qui étoient fur le Lac de *Nidau*, fentirent leur petit bateau emporté & ramené par une forte de courant, & foulevé enfuite par des flots alternatifs, quoiqu'ils n'apperçuffent aucun vent extérieur, mais ils entendirent un bruit intérieur.

Les Lacs de *Brientz* & de *Thoun*, furtout le prémier, s'avancèrent fucceffivement fur le rivage & s'en éloignèrent enfuite. Le cours de l'*Aare* fortant du premier pour entrer dans le dernier, parut un inftant retardé.

Le petit Lac de *Séedorf*, dans le Baillage de *Buchfée*, fut non feulement agi-

agité; mais il se fit un bruit, qui n'étoit point dans la surface, mais sous les eaux, & qu'un Chasseur a assûré avoir été semblable à celui de coups de canon, qu'on entend dans l'éloignement. L'eau haussa tout-à-coup, & baissa ensuite, se remettant comme auparavant.

DES Chasseurs, chassant le long du Rhône près de *Noville*, virent tout-à-coup l'eau d'une Baye, qui est à côté d'un bras de ce Fleuve, s'agiter avec violence, quoique cette Baye soit toûjours tranquille. Ils s'approchèrent pour examiner de plus près, & au même instant ils virent l'eau bouillonner & ils sentirent le terrein trembler [c].

JE n'ai rien appris des autres Lacs du Canton de Berne, non plus que de Celui de Neufchâtel. Comme ç'a été l'affaire d'un instant, il auroit fallu être averti, pour pouvoir saisir le seul moment de l'observation, qui fut partout entre neuf & dix heures du matin.

ON

[c] Rélation de *M.* DE COPPET.

Effets dans le Comté de Neufchâtel.

On m'a dit que le Lac d'*Etaliere*, dans le Comte de *Neufchâtel*, avoit été ému, & avoit donné du fon. C'eſt une forte d'Etang naturel qui fe vuide fous terre: on croit qu'il va former la fource de la *Reufe*.

Obſervations fur d'autres Lacs.

Les Lacs de la Suiſſe n'ont pas été les feuls à fe reſſentir de l'émotion des eaux intérieures, par le tremblement de Terre du premier Novembre. Près de *Salzungen*, ville de la *Thuringue*, en *Allemagne*, eſt un petit Lac, qui tire toutes fes eaux d'une grande ouverture, qui de tous temps a paſſé pour n'avoir point de fond, & que par cette raifon on s'imagine avoir communication avec l'Océan. L'eau de ce Lac fe perdit entièrement ce jour-là, par cette ouverture. Quelques momens après elle revint avec impétuofite, elle fe perdit de nouveau & reparut alternativement, à pluſieurs reprifes, la violence diminuant chaque fois. On a obfervé les mêmes agitations dans les eaux de pluſieurs Lacs des environs de *Berlin*, auſſi

bien

bien que dans celles de divers lacs dans
les pays du Nord. Les nouvelles publiques ont avancé plufieurs de ces faits.
Il feroit à fouhaiter que dans chaque
pays on publiat des rélations fures & cir-
conftantiées.

Plusieurs fources fe reffentoient auffi
de ces fécouffes de la terre dès le premier Novembre.

Effet fur les fources dans le Canton de Berne.

Les fontaines de la paroiffe de *Mon-*
treux, de *Blonay*, de *Corfier*, jufques
à *Villeneuve* & à *Aigle*, dans le Canton
de Berne, fe troublèrent, plus ou moins,
tout-à-coup. Celles du premier de ces
endroits reftèrent troublées pendant trois
ou quatre heures.

On entendit un bruit fouterrain près
de la fource de l'*Orbe*, au-deffus de *Va-*
lorbes, & la rivière parut augmentée
pour quelques inftants.

Une fource, qui, près de *Boudry*,
fe jette dans la *Reufe* fut fufpenduë un
in-

Effet dans le Comté de Neuf-châtel.

inſtant, & ſortit enſuite du Rocher en plus grande abondance & trouble.

Il y a un moulin ſoûterrain près du *Locle*, à la profondeur de près de trois cent pieds; on y entendit une ſorte de bruit, qui effraïa extrémément ceux qui l'habitent.

Effets ſur d'autres lacs & d'autres ſources:

Le lac de *Zuric*, ſurtout le lac-ſupérieur, au-deſſus de *Rapperſweil*, fut agité & ſoulevé, ſans aucun vent extérieur. Il hauſſa differemment de ſix, de dix, juſques à 12 pieds. Un bruit ſourd ſe faiſoit entendre. Les phénomènes durèrent ſix ou 7 minutes. A *Männedorf*, à *Meilen*, à *Ruſchikon*, à *Horgen*, ce même lac y a été jetté, à pluſieurs fois, loin de ſes bords. [d]

Au-deſſus de *Kilchberg* eſt une ſource d'eau ſoufrée & bitumineuſe, qui fut troublée & qui ſortit en plus grande abondance. Près d'une fontaine, auprès

[d] En Allemand *Bodenſée*. Voyez des Rélations imprimées à *Zuric* en Allemand.

près du lac de *Zuric*, la nuit précédente, on avoit entendu un murmure fingulier.

Le lac de *Conftance*, près de la ville
de *Stein*, parut auffi s'élever de plufieurs
pieds, & le *Rhin*, qui en fort, près de ce
lieu-là, s'accrut pour quelques inftants.
Le lac de *Wahlftat*, dans le Comté de *Sargans*, fut auffi élevé, pour
quelques moments. Il y regnoit un vent
d'Eft, qui affez ordinairement y fouf-
fle, depuis le lever du foleil jufques à
dix heures, & cependant le lac parut agité du Sud au Nord.

Tous ces phénomènes ont été apperçus à la même datte, dans le Nord &
dans l'*Allemagne*, dans prefque toutes les
mers; les gazettes & les mercures l'ont
annoncé de toutes parts.

Les eaux du *Havre* furent émuës au
point d'agiter les Vaiffeaux. L'ofcillation des eaux a été du Nord au Sud.
Les eaux, en *Hollande*, en *Gueldre*, en
Frife, dans la Province d'*Utrecht*, &
ail-

ailleurs, environ les onze heures avant
midi, parurent tout-à-coup agitées, &
divers bâtimens en furent déplacés [*e*].
En *Angleterre* on a aperçu dans quelques lieux voisins de la mer cette commotion univerfelle des eaux.

Tremble-
mens de
terre ref-
fentis le 1.
9bre en
Suiffe, &
les jours
fuivans.

Cette même nuit du premier au fecond de Novembre on fentit deux fécouffes d'un tremblement de terre au
Locle; diverfes perfonnes, qui les ont
apperçuës, l'ont attefté [*f*]. Sur le matin on reffentit auffi un ébranlement à la
Brévine. On écrit de *Bienne* que dans divers lieux de la Seigneurie d'*Erguel* on
avoit fenti quelques fecouffes d'un tremblement de terre, le premier de Novembre,

[*e*] Voyez Obfervations d'Hiftoire Naturelle,
ou hypothèfe, à la faveur de laquelle on rend raifon du mouvement fingulier, obfervé dans les
eaux, en Gueldre, en Hollande & ailleurs le 1.
Novembre 1755. vers les 11. heures avant midi,
La Haye. En Hollandois.

[*f*] Rélation de Mr. Sandor des Roches, Maî-
re du *Locle.*

vembre, environ les dix heures du matin. Après-midi les fontaines furent troublées & les eaux teintes en jaune, en gris; couleurs qu'on n'avoit pas apperçu autrefois, quand elles avoient paru troubles.

Il est certain qu'à *Bâle* le 2 de Novembre, entre trois & quatre heures après midi on sentit quelques sécousses, dans divers endroits de la Ville.

Dans la campagne aux environs on s'apperçut d'une augmentation sensible dans les fontaines; plusieurs d'entre elles parurent troublées, ou teintes, le premier & le second jour de Novembre. Le 18 & le 19 du même mois on aperçut encore quelques légères sécousses le long du *Rhin* & dans le *Brisgau*; & ces deux mêmes jours furent fatals aux villes de *Fez* & de *Mequinez*, & à plusieurs autres villes de l'*Afrique*.

Les Mercures ont fait mention de divers endroits ou l'on a senti le tremblemens de terre du premier de Novembre.

bre. On essuya à *Bourdeaux* une secousse, qui dura quelques minutes. Elle fut accompagnée d'une agitation extraordinaire des eaux de la *Garonne*. On
a aperçu les mêmes phénomènes à *An-*
goulême.

On a écrit aussi de *Cognac* en *Sainton-*
ge, que les secousses de ce tremblement
s'y étoient fait apercevoir, à la même
heure qu'à *Lisbonne.* L'ébranlement [a
été sensible à deux lieuës de-là, dans
une Campagne. Dans ce pays-là la plus
grande partie des Fontaines ont gardé
pendant quelque tems la couleur des
terres d'où elles tirent leurs sources:
celle de *Burie*, aussi à deux lieuës de
Cognac, a donné pendant plusieurs jours
de l'eau rougeâtre; ce qu'il faut sans
doute attribuer à la montagne de sable
rouge, qui domine à une demi-lieuë, du
Côté du Nord. La fontaine de *Gersac*,
à une demi-lieuë de *Cognac*, qui forme
une espèce de Volcan, est devenuë comme de l'écume de Savon, & a pris successivement différentes couleurs suivant
cel-

celles de fables par lefquels elle paffe.
Enfin celle de *St. Laurent*, à la même
diftance, a été vifiblement agitée.

On a obfervé de même à *Anduſe*, en
Languedoc, que toutes les fontaines furent troublées le premier de Novembre;
& je ne doute point que fi l'on raffemble
par-tout les faits, avec le même foin,
on ne fe convainque que les effets ont
été par-tout les mêmes, avec plus ou
moins de force, felon la pofition des
lieux, ou la nature du terrein.

UNE lettre d'*Augsbourg* marque, que
le premier Novembre tous les aimans,
fufpendus dans les Cabinets des Curieux,
changèrent de pofition & laiffèrent tomber les pojds dont ils étoient chargés;
on a remarqué auffi du dérangement
dans les aiguilles aimantées, en divers
lieux de l'*Allemagne*. Il fouffla tout le
jour aux environs d'*Augsbourg* un vent
du Sud-Eft très-fort.

LE Baromètre étoit ce jour-là à *Berne*, au vingt & un pouces & dix lignes,

Effets fûr les Ai-mans.

Etat du Baromè-tre & du

H 2 &

*Thermo-
mètre à
Berne le 1
Novembre
& ailleurs.* & tomba le soir du même jour à vingt-cinq pouces six lignes. Le Thermometre de Mr. de REAUMUR, suspendu au Nord, sans appui, étoit à six heures du matin à deux dégrés & demi au-dessus de zéro, il remonta le soir à six dégrés au-dessus de zéro. Le terme moyen du Baromètre est ici à *Berne* à vingt & six pouces 2 lignes: A *Zuric* il est à vingt & six pouces cinq lignes, selon les observations de SCHEUCHZER: A *Bâle* il est à vingt & sept pouces. La plus grande hauteur est ici vingt & six pouces onze lignes, la moindre vingt & cinq pouces cinq lignes. Pendant la nuit il soufla un vent d'Ouest extrémément violent. Le Baromètre étoit à *Bâle*, le même jour premier Novembre, à vingt & six pouces deux lignes & demi. Rarement l'a-t-on vû aussi bas. Il y eut aussi pendant la nuit une violente tempête [g].

[g] Le *Mercure* étoit à Lisbonne au premier Novembre à 27 pouces 7 lignes. J'en ignore la hauteur moyenne. Le Thermomètre y étoit à 14 dégrés, le vent Nord-Nord-Est.

QUA-

QUATRIEME MEMOIRE.

Rélation des tremblemens de terre observés en Suisse depuis le
9. Decembre 1755. Avec quelques détails des autres pays qui
se raportent a ces Phénomenes.

O N avoit encore l'imagination frapée & le cœur touché des malheurs de *Lisbonne*, lorf- que, le mardi neuvième Dé- cembre 1755, on reſſentit à *Berne* un tremblement, qui n'étoit peut-être pas plus violent que celui de mille-ſept-cent- vingt & neuf, mais qui a été plus géné- ral. Toute la maſſe énorme des *Alpes* & de celle du *Jura* ont été ébranlées, & bien au-delà tout autour. Dans le fond

Tremble- ment du 9. Decem- bre 1755.

H 3. des

des Vallées les plus profondes, comme
sur le sommet des montagnes les plus
élevées on a aperçu des secousses, plus
ou moins fortes. Le même jour *Lis-*
bonne éprouva des nouvelles secousses
très-effraïantes. Les côtes maritimes
semblent être plus sujettes à ces sortes
d'accidens, mais les montagnes mêmes
n'en sont pas exemptes [*b*]. Nous en-
trerons dans quelque détail sur la manière dont ces secousses ont été aperçues-en
Suisse.

Effets de
ce trem-
blement à
Berne de-
dans le
Canton.

Ce fut à deux heures & trente-deux
minutes qu'on sentit ces secousses à *Ber-*
ne. Nous avons déja parlé de leur direction & de leur nombre, & cette observation n'a été contredite de nulle
part, mais confirmée de plusieurs endroits; les trois secousses n'ont pas duré plus d'un tiers ou d'une demi-minu-
te. La cloche du grand horloge sonna
quelques coups, & une piramide de pierre

[*b*] *Maritima maxime quatiuntur, nec montosa*
tali malo carent. Plin. Hist. lib. II. Cap. LXXX.

re fut renverſée de deſſus la grande Egliſe. Il ſe fit deux fentes légères dans
l'Egliſe Françoiſe, mais elles ſe ſont à
peu près refermées dans la ſuite. Il y a
eu quelques Châteaux du pays, qui ont
été un peu plus ébranlés & où il s'eſt
fait auſſi quelques légères fentes, comme à ceux de *Lucens* & de *Nidau*. On
dit qu'un moment avant le tremblement
l'Aare étoit couverte dans quelques endroits d'une ſorte de vapeur & ſembloit
bouillonner. Près de la digue, elle parut ſuſpendre, ou arrêter, ſon cours.
Quelques perſonnes ſentirent peu à près
une odeur de ſouffre & le ſoir il y eut des
brouillards fort épais.

L'AIR étoit fort ſerein & tranquille, Tempéra-
on avoit peine à appercevoir le vent qui ture de
étoit Sud-Oueſt. Le Baromètre étoit à l'air au 9.
vingt & ſix pouces ſept lignes. Le ma- Decembre
tin à ſix heures le thermomètre avoit été 1755.
à zero: à deux heures & demi il étoit
à un dégré & demi au-deſſus du zero. Le
jour précédent il avoit été à ſix heures
du matin à huit dégrés trois quarts au-

H 4 deſdéſſous du zéro, ç a été le jour le plus froid de cet hyver. Dès lors le temps a été aſſez doux, ſouvent pluvieux, toujours humide, pendant tout le Mois de Decembre, & une partie de Janvier 1756.

A la même heure on éprouva les mêmes ſécouſſes à *Zoffingen*. Des livres de la Bibliothèque publique furent renverſés de deſſus leurs tablettes. La plus haute des Cloches de la tour de l'Egliſe fut ébranlée.

Quelques ſecouſſes du 9. Decembre & ſubſéquentes.

A *Langenthal*, à *Brugg* & dans les Bailliages voiſins d'*Arbourg*, de *Kœnisfelden*, de *Wildeſtein*, on a eu la même épouvante. Nulle part aucun mal. A *Brugg* & dans tout le bas *Argeu* on a ſenti de nouvelles ſécouſſes le 17. Decembre 1755. & le 26. de Janvier 1756. ſur les onze heures du ſoir. Quelques perſonnes croyent en avoir aperçu à *Berne* le 24. de Janvier 1756. On aprend qu'il y en a eu de violentes à *Démont* en *Piémont* ce même jour-là le 24. Le 2. Février on a ſenti quelques légères ſé-

fécouffes à *Arau.* Le même jour on en
à apperçu dans divers endroits de la *Suiffe* & de l'*Italie.*

TOUT le *Pays-de-Vaud* & tout le Canton de *Fribourg* ont effuyé le même tremblement & les mêmes allarmes, à la même heure, le 9. Decembre 1755.

Les Villes qui font proche des eaux ont été, ce femble, plus ébranlées, comme *Yverdun, Morges, Rolle, Vevay, N*☗ A *Yverdun* en particulier on a fenti une odeur de fouffre, pendant plufieurs heures. Il y a une fource fouffrée & tiede, près de la Ville.

A *Vevey* les ruës le long du Lac ont été plus agitées. Les Cloches ont donné du Son. Quelques vafes ont été renverfés. Des portes ont été ouvertes. Des tuiles font tombées des toits. Quelques perfonnes qui étoient à la campagne & qui ne fentirent point le tremblement de Terre, affurèrent avoir ouï comme le bruit d'une groffe grêle, quoiqu'il n'y eût dans l'air aucune agitation

H 5   fen-

Obfervations dans l. Pais-de-Sand du 9. Decembre.

fenfible. On remarquera dans la fuite de ce Mémoire que ce bruit dans l'air, s'eft fait entendre d'une manière très fenfible dans un grand nombre d'endroits, où le tremblement s'eft fait fentir.

Ni à *Vevey*, ni ailleurs, fur les bords du *Lac Leman* on n'a aperçu aucune hauffe de fes eaux. Il eft bien remarquable que les Lacs de la *Suiffe* ayent été plus émus du tremblement de terre du premier Novembre que de celui du neuvième Décembre, quoique le premier ne fe foit fait fentir dans les terres que légèrement & dans un petit nombre d'endroits, aulieu que le dernier a fécoué tout le terrein, fans émouvoir les eaux. Pourquoi cette différence dans les effets?

Tremblement du 9. Decembre dans le Comté de Nèufchâtel.

Dans tout le Village du *Locle* on aperçut des fecouffes du Sud au Nord. Du côté du bas du Village elles furent affez fortes, furtout proche du Marais. Là une maifon, bâtie fur pilotis, a un peu fouffert & s'eft abaiffée de plus d'un pou-

pouce; fans doute par l'affaiffement du terrein. Les mêmes Phénomènes ont été obfervés dans tout le Vallon; dans celui de *La Sagne*, de la *Chaux-de-fond* & de la *Brévine*, dans le Comté de *Neufchâtel*. On a fait les mêmes obfervations à *Morteau*, dans la Comté de *Bourgogne*. Ce qu'il y a de particulier dans ces quartiers-là, c'eft que les lieux les plus élevés de ces environs n'ont point reffenti de tremblement, où l'ont beaucoup moins aperçu. Le 20. Décembre on en a encore éprouvé au *Locle* un troifième, pendant la nuit. Dans toutes ces Vallées, il eft tombé beaucoup de neige, dès le mois d'Octobre, fans qu'il y fît froid. Elle fondoit & il en tomboit de la nouvelle, avec un air plus chaud, que le temps & la faifon ne le permettoient. A ces alternatives fuccéda une pluye violente, qui fit de ces vallons autant de lacs, ce qui auroit caufé les mêmes dommages que dans le *Languedoc* & le Comtat d'*Avignon*, fi un vent du Nord, froid, & violent, n'avoit arrêté le cours des debordemens, qui ont

cau-

causé des vives allarmes jusques à *Neuf-châtel.*

Par-tout les lacs, les rivières, les sources, peu après le tremblement de Decembre, ont excessivement hauffé. La pluye, qui eft tombée, n'a pas été la feule caufe. Il faut qu'il fe foit fait quelques éruptions des eaux foûterraines. Les inondations affreufes de quelques provinces de France l'indiquent affez. Depuis trois ans le *Pays-de-Vaud* étoit expofé à une féchereffe fâcheufe. Dès le milieu de Decembre il a regorgé d'eau, & bientôt de toutes parts les lieux bas ont été expofés à des inondations. Jamais on n'avoit vû d'auffi groffes eaux dans les Montagnes de l'Evêché de *Bâle*, que fur le milieu du mois de Janvier 1756. [*i*] & jamais de vents auffi impétueux que le 13. de Janvier & le 19. de Février.

Depuis le neuvième de Decembre la four-

Augmentation des eaux depuis ce tremblement.

[*i*] Rélation de M. Gagnebin de la Ferrière

fource falée du *Fondement*, dans le Canton de *Berne*, a augmenté en quantité; c'eft un mélange d'eau douce, chargé d'un peu de Sel; on tire un neuvième de Sel de plus, ou à peu près [*k*].

On

[*k*] Cette augmentation d'eau vient d'une forte de marais, qui s'eft formé fur la croupe de la montagne, où l'on a fait tant de travaux ruineux. Ce Marais eft né, ou eft l'égout d'une fontaine, qui a augmenté en quantité par les pluyes de 1755 & de 1756. Ce Marais étoit immediatement au deffus de la fource falée. Ces eaux, en fe filtrant dans les diverfes galeries, ont diffout un peu de ce fel criftallifé dans les fiffures du rocher. Bientôt cette eau douce a détérioré la fource falée. Les Employés continuoient leur travail, & avec plus de dépenfe n'avoient pas plus de fel. Monfieur le Directeur Herbort, plus attentif que ceux qui étoient payés pour l'être journellement, a connu le mal, détourné l'égout, & la fource de fel, dechargée de ce furcroit d'eau douce, a repris fa qualité ordinaire. Voilà tout le fait felon la rélation de Mr. Knècht, Infpeéteur dans les mêmes falines. *Poft hoc ergo propter hoc.* Voilà le raifonnement qu'on avoit fait. On cherchoit dans le fein de la terre ce qui venoit de la furface. Mr. Knecht a découvert une nouvelle fource falée dans ces contrées-

On a obfervé à *Morat* que l'aiguille aimantée de la bouffole a décliné à l'Oueft, au moment du tremblement, du neuvième Decembre de cinq douzièmes d'un dégré ou de vingt & cinq minutes. L'inftrument eft placé au haut d'une Tour.

On écrit auffi des frontières de la Suiffe, que le neuvième Decembre de la limaille de fer fufpenduë par fa pointe à un aimant s'appliqua en fe colant contre l'aimant, ou fon armure, & qu'elle fe remit enfuite dans la fituation verticale.

Quelque chofe de fingulier a été apperçu à un aiman, fufpendu chez un Curieux à *Hohen-Ems*. C'eft un Château, fitué fur une montagne, un peu au deffus du lieu, où le *Rhin* entre dans le lac de *Conftance*, dans la *Souabe*. Cet aiman, du poids de douze onces & demi,

n'eft

trées-là, à *Chamofaire*. Le célèbre Mr. DE HALLER y a été envoyé. Il a vérifié la découverte & fon importance, & il l'a conftatée dans le CONSEIL-SOUVERAIN, dont il eft Membre.

n'eft point armé. Il eft fufpendu à un cordon de onze pouces. A la prémière fécouffe du tremblement du neuvième Décembre, le cordon & l'aiman fe tournèrent du côté du Sud, & formèrent avec la perpendiculaire, qu'ils marquoient auparavant, un angle de quarante & quelques dégrés. Ils reftèrent dans cette fituation pendant la durée des fécouffes du tremblement. A la dernière l'aiman retomba du côté du Nord, & balança par plufieurs vibrations, qui diminuèrent peu à peu. Tandis que la pierre d'aiman demeura ainfi élevée au Sud, la limaille, qui étoit ordinairement fur lés deux poles, dreffée comme des aiguilles, s'étoit abaiffée & s'étoit ferrée, ou appliquée, contre le Pole du Nord. Il en tomba auffi quelques parcelles à terre. Quelques petits morceaux de fer reftèrent, pendant le même tems, fortement attachés & de bout fur le Pole du Sud. Dès que les balancemens du cordon fufpenfoir eurent ceffé, les poles de l'aiman reprirent leur direction, felon le méridien, & les morceaux

ceaux de fer étoient dreſſés ſur les poles, comme auparavant. Le tremblement a duré dans ce lieu-là à peu près
une minute, de même que la poſition
extraordinaire de la pierre d'aiman [*l*].
Le pole ſeptentrional de la terre s'eſt-il
approché du pole du Nord de l'aiman,
pour le pouſſer vers le Sud; ou l'angle
formé par l'axe du globe & celui de l'aiman a-t-il changé? Cela n'eſt point apparent. Y a-t-il eu quelque changement
dans le cours de la matière magnétique,
qui environne le globe? la choſe n'eſt pas
impoſſible.

Tremble-
ment du 9.
Decembre
à Genève
& aux en-
virons.

A *Genève* on a eſſuyé les mêmes ſécouſſes, à la même heure qu'à *Berne*.
Les ruës le long du *Rhône* ont été plus
ébranlées que les autres. Les montagnes voiſines dans le pays de *Gex*, la *Savoye*, le *Piémont*, le *Lionois*, le *Bugey*
& autres lieux ont auſſi éprouvé les mêmes agitations, à la même heure [*m*].
On

[*l*] Relation Allemande imprimée à *Zuric* chez
Jean Gaſpar Ziegler. 1755.

[*m*] Rélation de Mr. Jalabert.

On annonce la même chofe de divers
endroits de *France* & d'*Italie*. La différence de l'heure peut aifément venir
de celle de la marche des horloges.
Quelques perfonnes croyent d'avoir reffenti à *Genève* de nouvelles fecouffes le
deuxième Janvier;

Dés le 18. & le 19. Novembre 1755.
ou avoit effuyé des fecouffes, à Áix en
Savoye. On fçait qu'il y a des bains
chauds, & des eaux d'alum & de fouffre. Le 9. Decembre la commotion fut
plus violente, accompagnée de bruit,
fuivie d'une odeur de fouffre. Le 27.
du même mois revint un nouveau tremblement. On l'éprouva dans le même
tems dans une partie de la *Suiffe*, dans
l'*Italie*, le long du *Rhin*, & aux pieds
des *Pyrénées*. Dans le dernier de ces
quartiers on avoit aperçu dès le 23. une
grande clarté rougeâtre, qui duroit chaque nuit plufieurs heures. Le 27, cette clarté ne paroiffant plus, on entendit
fur les trois heures & demi du matin un
bruit fouterrain, qui fut fuivi d'une fe-

Tremble-
ment
d'Aix en
1755 &
1756.

couf-

couffe. Dans l'espace de moins de deux heures ce bruit se fit enrendre jusqu'à six fois, & chaque fois il fut suivi de balancemens de la terre. Le 18. Février 1756, nouveau tremblement à *Aix*. Ce même tremblement s'est fait sentir tout le long du Rhin & de la Meuse, en Allemagne, en Flandre, & dans quelques endroits de la France, de l'Italie. Il a été aperçu aussi en Ecosse. A *Chauni*, *Laru*, & la *Fère*, Villes de *France*, on ressentit jusqu'à 8 secousses. La seconde fut la plus violente, accompagnée d'éclat. Depuis ce tems-là on n'a plus aperçu d'ébranlemens à Aix: mais on a observé que pendant plusieurs mois les sources minérales ont été plus abondantes & plus chargées.

Tremblemens du côté d'Aigle, à Noville & aux environs, le 9. & 27 Decembre 1755.

Les tremblemens ont aussi été fort sensibles à *Aigle*, à *Noville* & aux environs, le neuvième Décembre 1755, à deux heures & demi après midi, avec quelque bruit dans l'air. Ils sont revenus à diverses reprises. Le vingt & septième du même mois, à huit heures du

soir,

foir, les fecouſſes ont été auſſi violentes que les premières [*n*]. Les Alpes voiſines ont été ébranlées.

Le même jour les environs dè la montagne de *Canigau*, & divers endroits du *Rouſſillon*, ont auſſi été fecoués. Ce tremblement avoit dès le 23 été précédé d'un météore ignée extraordinaire comme nous venons de le dire. Un bruit femblable à celui du Tonnerre dévançoit immédiatement chaque fecouſſe. Quelques maiſons en ont été renverſées dans un village nommé *Ria*. Tout le long de la rivière de *Tret*, en remontant à l'oueſt, on a fenti des agitations effrayantes & entendu un bruit fouterrain. Les murs de *Villefranche* en ont été endommagés. Je ne fais ces remarques que pour faire appercevoir la communication finguliere de ces mouvemens d'un pays à l'autre.

Rapport du 27 entre les Alpes & les Pyrenées.

On pretend, dans les environs d'*Aigle*,

Retour des fecouſſes à Aigle.

[*n*] Relation de Mr. le Min. de Coppet.

gle, avoir reſſenti de ces agitations de tems en tems, depuis le neuvième & le vingt & ſeptième Décembre, & que le troiſième Janvier en particulier on en a eu une, à cinq heures du matin. Le premier de Février de l'année 1756. nouvelles ſecouſſes à deux heures & à cinq heures du matin. La direction des ſe-couſſes du tremblement du vingt & ſep-tième a été la même que celle du neu-vième, du Sud au Nord. Quelques ro-chers ſont tombés çà & là des montagnes de ce Gouvernement, pendant le cours de l'année 1756.

Tremble-ment du Comté de Chiaven-ne.

Par des rélations du Comté de *Chia-venne* on a appris que tous les environs du lac de *Conſtance* avoient auſſi été for-tement ſécoués le 9. Décembre, & que ce lac dès le lendemain avoit paru fort enflé, auſſi bien que celui de *Chiaven-ne*. Quelques rochers ſe ſont détachés & ſont tombés dans une vallée inculte. Un accident pareil & plus funeſte en-ſevelit le vingt & cinquième Août mille-ſix-cent-dix huit le Bourg de *Pleurs*.

Il

Il fut en partie englouti, en partie couvert par la chûte du mont *Conto* & en partie détruit par l'inondation de la rivière *Maira*. Le pays le long de cette rivière semble encore ménacé par des pointes de montagnes élevées. Au mois de Juillet mille - sept - cent & cinq une portion de la *Furcula* tomba avec plus de fracas que de dommage : c'étoit le mont *Alschinsch*. *Roncaglia* a été fortement sécoué & l'eau de la *Maira* troublée.

C'est à deux heures & trois quarts qu'on place le tremblement de terre qu'on a ressenti à *Zuric*, le 9. Décembre. On fait durer les secousses presqu'une minute. La frayeur peut avoir fait paroître le tems plus long. Le tremblement étoit accompagné d'un vent violent, que quelques personnes ont apperçû dès le commencement, d'autres à la fin des ébranlemens. Tous les bâtimens ont été secoués ; les cloches ont sonné ; des portes ont été ouvertes ; des tuilles ont été détachées des toits ;

Tremblement à Zuric le 9. Decembre 1755. & aux environs.

Plu-

Plufieurs perfonnes , qui ignoroient la caufe de leur balancement, ont crû être frapées d'apoplexie. Dans le quartier de la prifon & de l'Eglife de Notre Dame les mouvemens ont été plus violens. Les couvertures de quelques cheminées de l'*Einfidler - Hoff* & du *Linden - Hoff* & d'autres bâtimens ont été jettés en bas. Les fécouffes finies, on a fenti dans cès environs-là une odeur de foufre. Il est même des quartiers où elle a été accompagnée d'une vapeur ou d'un brouillard épais. Quelques perfonnes ont crû que cette vapeur venoit du mont *Hütli*.

Dans le Collège [o] on s'est apperçu, un peu avant les fécouffes, d'un bruit fourd & fouterrain, comme celui d'un vent renfermé. Ailleurs le bruit a été entendu dans l'air.

La violence du tremblement s'est fait apercevoir dans les lieux bas, par le mouvement des bancs de la boucherie

&

[o] *In Collegio Alumnorum.*

& par du vin troublé dans les lieux élevés, par les balancemens ou les vibrations des pointes du clocher de l'Eglife
de *Notre-Dame*.

Ce tremblement s'eft fait fentir à peu
près de même dans tout le Canton de
Zuric : les relations d'*Ottembach*, d'*Af-
folteren*, de *Marchwanden*, de *Mett-
meftätten*, de *Regensberg*, de *Kibourg*,
fe reffemblent toutes [*p*].

A *Knonau*, l'étang du château, qui
étoit couvert de glace, s'eft ouvert tout
à coup avec éclat, par le tremblement,
& l'eau a été foulevée à la hauteur de
près de trois pieds.

A *Neftembach*, on doit avoir fenti
trois tremblemens de terre dans le même jour. Le premier à huit heures du
matin; le fecond à dix heures; le troifième environ à trois heures de l'après
midi.

Le

[*p*]. Lettres particulières, & relations alleman-
des imprimées.

Le tremblement a rompu auſſi avec violence & avec éclat la glace de l'étang qui entoure une partie de la ville de *Winterthur*. L'eau dans ſon émotion s'eſt élevée juſques aux jardins, qui l'environnent.

F A *Egliſau*, les ſécouſſes furent encore plus violentes, à deux heures & demi comme à *Berne*. On diſtingua trois ſécouſſes, qui durèrent près d'une minute. L'air étoit tranquile. Un bruit éclatant ſe fit entendre de toutes parts, & au même inſtant toutes les maiſons furent ébranlées. L'une & l'autre rive du *Rhin*, ſur lequel cette ville ancienne eſt bâtie, ont reſſenti la même commotion. Elle s'eſt fait appercevoir ſur tout le *Ratzerfeld*, comme à *Raſs*, à *Weil*, à *Hüntwangen*, à *Glattfelden* & même dans quelques endroits plus fortement qu'en d'autres.

A *Rieden*, ce tremblement a été plus ſenſible ſur les hauteurs que dans le bas. Si les maiſons euſſent été bâties de pierres il eſt apparent qu'elles auroient été renverſées.

A *Kirch - Uſter*, à *Werikon* & dans les neuf Villages, qui compoſent cette paroiſſe, ce tremblement a été plus ou moins violent. Le ruiſſeau appellé *Uſter - bach* a été fort ému. L'eau d'une fontaine a été pouſſée avec violence à deux ou trois pieds au - delà du baſſin : elle eſt demeurée trouble quelques heures.

A *Kindhauſen*, dans le Comté de *Bade*, lieu ſitué dans les environs de *Diétikon*, où, l'année 1728. une portion de terre s'eſt enfoncée dans un abîme, que l'on n'a point encore pû ſonder, le tremblement du 9. Décembre doit avoir duré une heure entière, à diverſes repriſes.

Dans la plupart des lieux ces ébranlemens ſe ſont moins fait apercevoir dans les maiſons ſituées ſur les hauteurs que dans celles qui l'étoient dans les fonds.

I 5

Dans

Dans un même lieu, & à de fort petites diftances, les fecouffes ont été plus ou moins aperçuës. Il ne paroît pas même que cela vienne du plus ou moins de courage des Obfervateurs. La pofition des murs rélativement à la direction des fecouffes femble y avoir plus contribué. Il paroît auffi qu'il y ait à cet égard plus ou moins de fenfibilité dans les hommes. Dans la même chambre on a reffenti différemment ces ébranlemens.

Il femble que tous les lieux fitués le long des rivières & des lacs ont été les plus agités; du moins ceux dont le terrein n'eft pas graveleux, ou fabloneux.

On a écrit de *Stein*, fur le *Rhin*, qu'on avoit compté, comme à *Berne* trois fecouffes diftinctes, dont la dernière avoit été la plus forte. Si les allées & les venuës n'avoient pas été égales, uniformes dans le balancement & la direction, il y auroit eu de la fubverfion. L'eau du *Rhin* étoit agitée com-

comme elle l'eſt par un vent médiocre.
Les balancemens étoient auſſi du Sud au
Nord.

La maiſon de Cure de *Gottlieben* a été
très - fortement ébranlée. Elle eſt ſituée
dans le même endroit, où, il y a ſoixan-
te-ans, une maiſon fut entièrement abimée, ou enfoncée en terre.

On mande d'*Einſidlen*, ou *Notre-Da-
me-des-Hermites*, Couvent du Canton de
Schweitz, que ce même tremblement a
fait du mal à l'Egliſe, & entr'autres dommages gâté la belle peinture du chœur.

On ſentit à Bale, entre deux heures & demi & deux heures & trois
quarts, trois ébranlemens [*q*], toutes
les maiſons de la ville & de la campagne ont été agitées. Ce fut l'affaire
d'une demi - minute. Quelques cheminées & quelques pans de mauvaiſe mu-
raille ont été renverſé. Le ſoir-aupa-
ra-

Tremblement du 9 Decembre à Bâle & aux environs.

____

[*q*] Mr. le V. Paſteur Buxtorf, dans ſa rélation ne compte que deux ſecouſſes.

ravant le thermomètre y étoit à fix dégrés au-deffous du zéro, dans le moment
du tremblement il étoit à un dégré & demi au-deffus. Le baromètre étoit à
vingt & fept pouces quatre lignes & demi [r].

Dans le même inftant, fuivant les ré-
rations de *Bâle*, *Mulboufe*, tout le *Mar-
quifat*, les montagnes de l'*Evéché de
Bâle* & tous les pays voifins éprouvèrent
les mêmes fecouffes. Les ébranlemens
du château de *Wallenbourg*, du Canton
de Bâle, & de celui de *Gillenberg*, du
Canton de *Soleure*, furent plus violents
encore.

Tremble-
ment à
Bienne.

Immédiatement avant le tremblement du 9 Décembre on entendit à *Bienne* un murmure dans l'air, comme celui
d'un vent du Sud, & fous la terre un
bruit fourd. Après cela vinrent les fécouffes. Les fenêtres oppofées au Sud
fe courbèrent intérieurement. Bientôt
après

[r] Rélation de Mr. Baviera.

après les fontaines jettèrent une eau trouble, mais moins chargée qu'elle ne l'étoit au premier de Novembre.

A *Lucerne* on s'aperçut à une heure & demi d'une légére fécouffe de tremblement de terre; mais à deux heures & demi revinrent des mouvemens tout-autrement violents. Les cloches donnèrent du fon. Une cheminée du Couvent des P. *Francifcains* fut jettée en bas, & il fe fit diverfes crevaffes dans le plâtre de l'Eglife & de la maifon. Le tremblement à été plus fenfible dans la Petite-ville. Les balancemens venoient du côté du Sud. L'air étoit devenu chaud tout à coup ce jour-là. La veille, le lac étoit gelé affez avant. Peu après le tremblement la glace fut diffipée par un vent chaud, qui tourna au Sud-Oueft. Les Magiftrats ordonnèrent d'abord pour le onzième, à huit heures du matin, une proceffion à *St. Xavier*. Le lac a été beaucoup moins émû que le premier Novembre.

Tremblement du 9 Decembre à Lucerne & aux environs.

C'EST à trois heures moins un quart qu'on A Schaf-houfe,

qu'on fixe le tremblement à *Schafhousen*. Tout le long du lac de *Constance* en remontant & en descendant le *Rhin* on l'a plus ou moins ressenti.

A *Donaw - Eschingen* dans le Fürstemberg on a senti le tremblement à dix heures du matin & point à deux heures & demi.

A St. Gall. On a écrit de St. *Gall*, *du Rheintal*, d'*Appenzell*, de *Zug*, du *Toggenbourg*, que le même tremblement avoit plus ou moins ébranlé tous les bâtimens de ces diverses contrées. A *Lichtenteig*, capitale du *Toggenbourg*, on entendit un frémissement après les secousses & on sentit une odeur de souffre.

A *Egrach*, dans le *Turgau*, on dit y avoir ressenti huit secousses assez fortes. La rivière du *Thur* fut émuë, & un peu troublée.

A Glaris. On a mandé de *Glaris* que le tremblement y avoit été très-sensible; mais plus violent encore à *Näfels*, Bourg près de la *Lint*. Le Couvent des Capucins fut violemment secoué.

CIN-

CINQUIEME MEMOIRE.

Observations faites dans le Haut-Valais depuis le mois d'Octobre 1755; et relation des diverses sécousses de tremblement qu'on y a ressenti depuis le I. de Novembre.

C'EST DANS LE *Haut-Valais* que les secousses du tremble- ment de terre de 1755. se font fait sentir avec le plus de violence & de dommage. Ce Pays est un de ceux de la *Suisse* qui est le plus sujet à ces accidens. A peine se passe-t-il une dixaine d'années qu'on n'ap- perçoive quelques sécousses, aussi est-il rempli de sources chaudes & sulphureu- ses. Celles de *Leuch* & de *Brigue* sont

Rélations du Haut- Valais.

font fort connuës & fort célèbres [s].

Du département de Brigue.

LE département de *Brigue*, situé près du *Rhône*, fur la rivière de *Sallinen* [t], a été le plus violemment ébranlé dans cette occafion [u]. Comme toutes les nouvelles publiques, & toutes les rélations, imprimées de toutes parts, en allemand & en françois, ont exagéré, ou mal répréfenté les défaftres de ce quartier-là, nous croyons devoir entrer dans quelque détail, & placer ici les journaux que nous avons reçû de la part d'un Homme très-intelligent, qui eft

fur

[s] Voyez *Itin. Alp.* SCHEUCHZERI, *Iter quartum anno* 1705. pag. 300. & feq. & 309. & feq. SIMLER. *Valles.* p. 17. & feq. WAGNER. *Helvet. Curios.* p. 100. Voyez auffi l'ouvrage de GUILLAUME FABRICE HILDANUS, Médecin de Berne, *Confilium de confervanda valetudine, item de Thermis Vallefianis* &c. Francof. apud Matth. Merian 1629. 4.

[t] En latin *Saltina.*

[u] *Der Briger-Zenden*, en latin *Vibericus pagus.*

fur les lieux, & qui a été le trifte témoin de ces calamités [*v*].

[DE hautes montagnes environnent ce
quartier-là de toutes parts. *Brigue*, ou
Briga [*x*] eft fur une hauteur, dans une
vallée, entre ces monts élevés. *Glyfs*
[*y*] eft environ à un quart de lieuë, &
Naters [*z*] à demi-lieuë: l'un & l'autre dans une forte de plaine: tous les
trois forment un triangle. *Naters* eft fur
la rive gauche du *Rhône*, dans un lieu
pierreux. *Brigue* eft vis-à-vis de *Naters*, fur la rive droite de ce fleuve. Ce
bourg eft agréable, plus élevé que *Zuric* de 70. à 80. pieds, plus bas que la
Furca, ou la montagne de *La-fourche* de

3560,

Situation du département de Brigue.

[*v*] Ces relations, écrites en latin me font venuës par le canal de *Mr.* le Pafteur de COPPET.

[*x*] En latin *Vibericus; Viberiga;* d'où on a fait
Briga & Brig.

[*y*] En latin *Ecclefia.*

[*z*] En latin *Natera.*

K

3560, felon les obfervations barométri-
ques de Scheuchzer.

**Tems ex-
traordi-
naire fur
les Alpes
durant le
mois
d'Octo-
bre.**

Il tomba dans les environs de *Brigue*
& fur les montagnes, qui l'environnent,
une quantité exceffive de Neige dès le 1.
Octobre 1755. Comme cette neige n'é-
toit point affez congélée, bientôt elle
s'éboula des montagnes & forma des a-
valanches, qui, par leur chûte & leur
poids, entrainèrent une très-grande quantité de Bois. Le furlendemain le vent
du Midi ayant commencé à fouffler, les
torrens & les ruiffeaux, extraordinairement enflés, emportèrent des terres, du
gravier, des pierres, des rochers, des
buiffons & des arbres. Ces eaux furieu-
fes portèrent par-tout dans les lieux bas
la défolation & l'effroi. Les campagnes
furent couvertes des pierres & du gravier entrainés & dépofés çà & là.

**Obferva-
tion gé-
nérale.**

Le *Valais* eft expofé à deux fortes
de vents principaux; ceux qui viennent
du côté d'orient, pour l'ordinaire très
froids, parce qu'ils aportent des Alpes,
cou-

couvertes de neige, des parties de
froid; ceux qui viennent d'entre l'occident & le midi, pour l'ordinaire très
chauds, parce qu'ils apportent d'*Italie*
des parties de chaleur. Souvent ces
derniers font accompagnés de pluye.
Nous ne voulons point décider fi cette
chûte & cette fonte extraordinaire de
neige ont quelques raports avec les
tremblemens de terre, mais nous avons
crû ne devoir pas pafler fous filence des
événemens finguliers, qui font du moins
liés par le tems & le lieu avec les tremblemens, qui ont fuivi.

Ce n'eft pas feulement dans le *Valais*
que le tems a été extraordinaire, durant
le mois d'Octobre; fur les *Alpes* du côté du mont *St. Gotbard*, dans les vallées
deçà & delà, dans les Baillages fujets
des Suifles, il fit une pluye & une neige fingulière. A *Lucarno*, ou *Lugga-
ris*, le 14. Août 1755, l'air, après un
vent violent, s'obfcurcit tout-à-coup.
L'atmofphère étoit tout rouge. Il tomba une fi grande quantité de pluye dans

Tems ex-
traordi-
naire à
Locarne
depuis le
milieu
d'Octo-
bre.

les

les vallées, qui fut neige fur les montagnes, qu'en quinze jours on l'eftima
à quarante & fept pouces; ce qui eft
beaucoup au delà de ce qu'il en tombe
pendant toute une année dans les pays,
où il pleut le plus. Le *Lac - Majeur*
hauffa de dix pieds. D'abord cette pluye
étoit rouge & faifoit un dépôt confidérable, fur neuf pouces un. Ce dépôt
étoit une matière terreftre rougeâtre [a].
La neige en fut auffi teinte fur les montagnes & dans les vallées.

Tremble-
mens du
1. No-
vembre
1755.
dans le
Valais, &
durant
tout le
mois.

JE viens au prémier de Novembre, ce
jour fi funefte au Portugal. Dans quelques endroits du *Valais*, & fur - tout
dans le département de *Brigue*, & felon
d'au-

[a] Voilà l'origine des pretenduës pluyes de fang.
Ce font des eaux teintes d'une ochre martiale ou
rougeâtre. MÉRRET, dans la page 220. de fon
Pinax plantarum croit que ces pluyes font des ex-
cremens d'infectes : Cela eft poffible dans certaines
occafions; mais j'ai obfervé que ces pluyes rouges, qu'on a vû quelques fois en Suiffe, étoient
teintes par une matière terreftre. Voyez DER-
HAM, Theol. Phyfiq. page 31. dans la note.

d'autres rélations, dans le département même de *Visp* [b], d'une maniére non moins sensible, on apperçut ce jour-là quelques sécousses de tremblement, sur les dix heures du matin. Pendant tout le mois de Novembre on a ressenti, de jour & de nuit, des sécousses réïtérées, sur-tout pendant toutes les nuits. Dès-lors plusieurs personnes s'attendoient à quelque tremblement plus violent, & cette attente, rendant tout le monde attentif, a sauvé la vie à bien des habitans, qui sans cela auroient été surpris.

Le 9. Décembre étoit un jour serein, sans nuage & sans vents. Environ les deux heures après midi la terre fit un mugissement effrayant. Il n'y eut personne qui ne l'ouït dans le département de *Brigue* & dans celui de *Visp*. Ce fut un heureux signal auquel chacun prit la fuite. Bientôt on sentit des sécousses redoublées, mais foibles. A deux heu-

res

Tremblemens du Valais depuis le 9. Decembre 1755.

[b] En latin *Vicus Vespiæ* au confluent du *Rhône* & de la *Vispe.*

res & un quart, noûveau mugiſſement plus terrible encore, ſuivi de ſécouſſes plus violentes auſſi. A deux heures & demi le mugiſſement fut plus grand & les ſécouſſes ſi terribles, dans les vallées & les montagnes, que tout le *Valais* ſembloit devoir en être renverſé. *Goms, Viſp, Rozagne, Leuch, Sider, Sion,* tous ces lieux-là; les montagnes de *Gemmi,* du *St. Bernard,* de la *Fourche,* tous ces quartiers du *Haut-Valais,* ont été ſecoués avec plus ou moins de violence. A *Martigni* & à *St. Maurice* l'ébranlement n'a pas été ſi grand.

Effets des tremblemens à Brigue. **Presque** toutes les cheminées de *Brigue* furent dans un inſtant abattuës. Les tuiles, briſées & enlevées de deſſus les toits, voloient de toutes parts. Les tours furent fenduës & quelques murs renverſés. Il n'y eut point d'Egliſe qui n'eut quelques fentes conſidérables. Ces ſécouſſes durèrent près de deux minutes. Tous les édifices étoient balancés d'un côté & enſuite de l'autre, comme on le fait au berceau d'un enfant. Il ne reſta

à

à *Brigue* aucune maison, qui ne souffrit plus ou moins; mais personne n'a péri. Le Collège des Pères Jésuites & leur E-glise ont beaucoup souffert; la maison a été lézardée de toutes parts, & une partie de la voute du temple est tombée.

Naters & *Glyss*, qui sont dans le département de *Brigue*, observèrent les mêmes phénomènes & éprouvèrent le même sort. La voute de l'Eglise paroisfiale de *Naters* fut enfoncée. La grande Eglise de *Glyss*, temple célébre, dédié à *Notre-Dame*, ou à la bien-heureuse Vierge, & la tour ont aussi beaucoup souffert. Une partie de la tour est tombée sur l'Eglise, a enfoncé la voute & mis en piéces l'autel latéral.

Effets du tremble-
ment à
Naters &
à Glyss.

Ceux qui étoient à la Campagne é-prouvèrent les mêmes ébranlemens & apperçurent la terre se fendre çà & là, dans la même direction que les secousses, du Sud au Nord. Mais ces fentes, ou crevasses, dont les plus petites étoient

Effets ob-
servés à la
campagne.

K 4   assez

aſſez ſemblables à celles qui ſe font dans une terre forte, après une violente ſéchereſſe, ſe refermoient auſſi-tôt. On vit de pluſieurs de ces fiſſures s'élever comme un jet-d'eau, à la hauteur de pluſieurs pieds. Ce qui ne pouvoit venir que des réſervoirs ſoûterrains, dont les eaux ſe trouvoient comprimées, ou dilatées, ou pouſſées de bas en haut.

Pluſieurs des fontaines de ces quartiers-là ont diſparu juſqu'à ce jour. A leur place il en eſt ſorti par éruption en des lieux où il n'y en avoit point & même en plus grande abondance.

La montagne, qui eſt éloignée de *Brigue* d'une lieuë, s'eſt abaiſſée ſenſiblement [c]. On ſait que ſous cette montagne ſont des réſervoirs d'eau très-conſidérables, qui fourniſſent de l'eau à grand nom-

[c] C'eſt de *Brigerberg* ou *Simpelberg*, *Scipionis mons*, *Sampione*, en françois *St. Plomb*, que l'Auteur de la rélation veut parler. Cet abaiſſement eſt ſenſible à tous les Habitans de ces contrées; mais perſonne n'a pu m'en donner la meſure exacte.

nombre de fources. Sans doute que les voutes ont cédé.

Pendant tout le refte du jour, du 9. Décembre & durant la nuit, chaque demi-heure, les fécouffes reviennent, mais fans caufer de plus grand dommage, diminuant infenfiblement.

Depuis ce jour-là, jufqu'au 21, chaque jour, nouveaux ébranlemens; mais toujours moindres.

Le 21. environ à 4 heures & demi du matin, tout le même Département fut en allarme, par un retour de fécouffes, qui ne cauferent cependant pas du dommage.   Seulement quelques pierres & quelques tuiles tombèrent des murs & des toits.

Depuis le 21. au 27. on a fenti chaque jour deux ou trois tremblemens; mais à des heures différentes.   Il eft tombé à diverfes reprifes de la neige.

Le 27. à deux heures & demi après midi, à la même époque que le 9. tout

Journal des tremblemens de Brigue depuis le 9. Décembre, 1755.

le

le quartier fut fécoué prefqu'avec autant de violence qu'au jour fatal. Mais l'agitation dura moins, & par-là caufa moins de dommage. Ce font les fécouffes redoublées, coup fur coup, irrégulières, brufquées, qui détruifent & renverfent. Des fécouffes auffi violentes, mais qui ne fe fuivent pas brufquement, ni en fi grand nombre, qui s'exécutent régulièrement, par reprifes, caufent plus d'épouvante que de dommage, & fe bornent à un fimple balancement.

Le 28. environ les fix heures du matin on fentit deux fécouffes, & on entendit un bruit foûterrain, comme celui de grandes eaux.

Le 29. fut le prémier jour depuis le 9. qui fe paffa fans commotion & fans effroi. L'air dévint fenfiblement chaud.

Le 30. à une heure de la nuit, retour de tremblement. Des portions de cheminées, qui étoient reftées droites, font renverfées.

Le

Le 31. Décembre on fut tranquille, de même que le prémier Janvier 1756.

Le 2. Janvier, à 9. heures & demi du soir, de petits mouvemens, de même que le 3.

Journal des trem-blemens de Brigue en Janvier 1756.

Le 7. Janvier à 5 heures du soir deux tremblemens confécutifs. Le 8. à 7. heures & demi du soir, de même. Le froid étoit très-grand, l'air pur, & calme.

On fut tranquille pendant trois jours, jufqu'au onzième; à trois heures du matin nouvelles fécouffes & redoublemens environ les huit heures du matin.

Le 12 & le 13. de légers mouvemens, par intervalles.

Le 14. à deux heures & demi du matin, fécouffes très-violentes, qui auroient, comme celle du 9. Décembre, tout renverfé, fi elles avoient duré; mais ce fut l'affaire, au plus, de trois ou quatre minutes fecondes. Il y eut un gros vent toute la nuit.

Cette

Cette même heure, de deux heures &
demi, eſt ainſi pour la troiſième fois
terrible & funeſte.

Le 15. au matin, avant cinq heures &
demi, tremblement médiocre. Retour
à différentes heures du même jour. On
obſerva deux choſes dans ce jour. La
prémiere que trois heures avant les ſécouſſes on appercevoit un trémouſſe-
ment léger & le vent, qui étoit auparavant très-violent, s'appaiſoit ſubitement
avant les ſécouſſes-même. L'autre que
les vibrations alloient du Sud au Nord,
& que le mouvement ſe propageoit dans
la même direction. Ce qui étoit jetté
par terre l'étoit auſſi du Midi au Septen-
trion. Les corps ſuſpendus librement
balançoient par oſcillation dans ce ſens.
Quelques fentes de la terre qu'on a apperçû de nouveau, ſuivoient auſſi la direction du méridien.

Le 16 & le 17 tout fut tranquille, la
terre & l'air.

Le 18 environ minuit, nouveau trem-
ble-

blement affez violent, mais fort court.
Retour d'agitation fur le matin entre
fept & huit heures.

Le 19. à minuit & trois-quarts mouvement médiocre. L'air très-froid.

Le 20. fut tranquille. Il faifoit beaucoup moins froid que les jours précédens.

Le 21. environ 11. heures de la nuit
agitations. Vent & neige.

Le 22. un peu avant minuit tremblement, peu différent en violence de celui du 9. Decembre; mais extrêmement
court. Peu de dommage à caufe de la
courte durée. De nouvelles fecouffes
fuivent de près, mais plus foibles.

Le 23. au matin deux tremblemens fe
fuccédèrent d'affez près; le fecond fut
moins violent.

Le 24. quelques mouvemens affez légers. Vent du Nord, fec & froid.

Le

· Le 25. le 26. le 27. mouvement plus fréquent & avec quelque petit bruit.

Depuis le 27. Janvier jusqu'au 6 Février, on a senti quelques mouvemens, mais toujours plus foibles & moins fréquens. Il y a même eu alternativement quelques jours de repos.

Le 6. Février, à 6 heures du matin, retour d'agitations violentes.

Depuis lors jusqu'au 13. chaque jour il y a eu un frémissement souterrain, presque continuel, mais sans tremblement.

Le 14. environ minuit agitation médiocre. Neige & froid.

Le 15 tremblement très-violent à deux heures & demi de la nuit: retour à cinq heures & demi du matin. Il faisoit un très-grand vent.

Le 16 & le 17 jours tranquilles. Vent chaud & brouillards.

Le 18 environ à une heure & demi de la nuit on entendit un mugissement intétérieur, effrayant, qui dura à peu près une minute & qui finit par une violente fecouſſe. Entre 7 & 8 du matin retour d'ébranlemens. Il faiſoit un grand orage.

Le 19, avant onze heures & demi, nouveaux balancemens ; tels que des pierres & du plâtre tombèrent encore des murs.

Depuis ce jour-là la terre fut tranquille, pendant trois jours, juſqu'au 23 qu'on fentit de légères fécouſſes, entre 7 & 8 heures du matin.

Après deux jours de tranquillité, le 26 Février deux différentes fécouſſes, mais l'une & l'autre légères.

Les dernières rélations font dattées du 27 Février, jour tranquille.

OUTRE les obſervations jointes dans les divers articles du journal, en voici de générales, & qui méritent quelque attention. *Obſervations generales.*

On

On a obfervé que le *Rhône* fe troubloit ordinairement avant les fécouffes de tremblement.

Pendant les fécouffes il a bouillonné quelquefois ; principalement quand elles ont été violentes.

Le foir après le coucher du foleil on a très-fouvent remarqué des nuées longues , obfcures , étenduës comme des lignes droites , avec très-peu de largeur, qui traverfoient du midi au feptentrion.

Il n'y a eu nulle-part à la terre de fente bien confidérable, quoi qu'en aient publié toutes les nouvelles particulières & publiques. On n'a point aperçu jaillir ni bouillonner cette eau noire & fétide ; dont ces mêmes nouvelles ont parlé. Aucune Eglife n'a été entièrement renverféé. Toutes, il eft vrai, ont été endommagées & plufieurs bâtimens ne peuvent être habités fans péril de la vie.

Ja-

Jamais *Brigue* n'a éprouvé de vent plus violent, que dans le cours de l'année 1755. Un vent de midi y a fait d'incroïables ravages. Les jours ont toujours été affez chauds pendant ces agitations, & les nuits froides.

Le tremblément de terre qu'on a fenti dans toute la Suiffe le 9 Decembre a donc été très-étendu. Il s'eft fait apercevoir en divers lieux de *France*. A deux heures & demi, ou trois quarts, on a apperçû deux fecouffes à Bourg en Breffe, & dans tous les lieux de la *Franche-Comté*. Dans divers endroits de l'*Allemagne* on l'a obfervé, dans la *Bavière*, dans la *Franconie*, dans la *Souabe*, dans le *Brifgau*, dans le *Tirol*. En *Italie* il a été plus violent encore, comme à *Milan*, à *Côme*, à *Naples* & en divers autres lieux. Ce même jour *Lisbonne* a été de nouveau violemment ébranlée.

Il femble que la terre, une fois mife dans une commotion prefque univerfelle, n'ait pas pu s'affermir & s'affeoir de long-tems. On vient de voir dans l'article de *Brigue* un détail de mouvemens

Tremblement de terre du 9. Decemb.; fon étenduë.

Tremblemens de terre du 18 Février 1756.

L   con-

continués jusqu'au 27 de Février. Ces mêmes agitations se font fait sentir de tems en tems depuis le 9 Decembre 1755. dans divers lieux du Gouvernement d'*Aigle* jusqu'à *Villeneuve*, aussi bien que dans l'*Argeu*. Mais l'ébranlement a été plus général le 18 Février 1756. entre 7 & 8 heures du matin.

On l'a senti non seulement dans tout le *Valais*, mais encore dans quelques endroits du Canton de *Berne* & des environs, comme à *Nidau*, à *Seedorf*, à *Bienne* & ailleurs. On l'a aperçu aussi à *Genève*.

Ce tremblement a été général le long du *Rhin* & de la *Meuse*. *Cologne* & *Dusseldorp* en ont souffert. *Aix-la-Chapelle* a essuyé du dommage. Toute la *Hollande* & la *Flandre* ont été effrayées par des secousses violentes.

La plus grande partie de la *France* a aussi été agitée. Voici quelques particularités. A *St. Quentin* la direction des secousses a paru être du Sud-Est au Nord-

Nord-Oueſt. Le vent étoit Oueſt, peu
violent, le Baromètre fort bas. A *Sé-
dan* les ſécouſſes, qui ont duré une minute & quelques ſecondes, ont été accompagnées d'un bruit ſemblable à celui du Tonnerre.

A *Liège* les ſécouſſes avoient été foibles entre 7 & 8, elles ſont revenuës plus
violemment à 9 heures du matin; elles
ont duré près de trois minutes.

Ce tremblement, preſque par-tout,
a été ſuivi quelques heures après d'un
affreux orage, qui a cauſé beaucoup de
dommages. C'étoit un vent du Sud-Sud-
Oueſt. C'eſt à 8 heures du ſoir qu'il
ſoufloit avec le plus de violence. On
apperçut encore alors en divers lieux
quelques ſecouſſes. Le Baromètre étoit
à *Berne* exceſſivement bas & le thermomètre extraordinairement haut. Celui-
là étoit à 8 heures du ſoir à 25 pouces
5 lignes & demi, ſeulement demi-ligne
au-deſſus du terme le plus bas; celui-
ci marquoit 12 dégrés au-deſſus du terme de glace, un dégré & demi au-deſ-

 ſus

fus du tempéré des caves de l'obferva-
toire de Paris. Cette chaleur, fi peu
ordinaire dans ce pays, dans cette faifon, n'indiqueroit-elle pas qu'il s'étoit
échapé de la terre des parties de chaud,
par une fuite de ces tremblemens réïtérés? Le 19 à fix heures du matin le
thermomètre avoit defcendu de dix dégrés & demi.

Le tems a continué d'être fort chaud,
pour la faifon, la dernière femaine de
Février, & les deux premières du Mars
jufqu'au douzième du mois.

Tremble-
mens de
Juin
1756.

Le 7 de Juin 1756 on a reffenti de
nouveaux tremblemens dans le Comté
de *Neufchâtel*. Les premières fecouffes
à 8 heures & demi du matin, & les autres 18 minutes après. Le balancement
alloit de l'Eft à l'Oueft à Colombieri.
A la *Chaux-de-fond* il y eut cinq reprifes; quatre le matin, depuis les 8 heures & trois quarts; & la cinquième à 11.
heures de la nuit. Le mouvement étoit
plus violent qu'il ne l'a paru ailleurs.

Il

Il étoit vertical. On se sentoit soulever & retomber assez rudement. Cependant il n'a causé aucun dommage, mais seulement de l'épouvante [d].

Le 3 Mars 1756. environ les 7 heures du soir, on vit à Berne, dans le Pays-de-Vaud, dans les montagnes de l'Evêché de Bâle & en divers autres endroits, entre le Sud & l'Ouest, un météore ignée. C'étoit comme une fusée, qui se termina par un globe fort brillant, d'un feu bleuâtre, & d'une grandeur assez considérable. Plusieurs personnes de Vevey assurent qu'il leur parut d'une grandeur aprochante de celle de la Lune. Il ne dura que quelques instans pendant lesquels on le vit parcourir un espace considerable [e].

Le même météore ignée a été vû à Aigle, le même jour qu'à Vevey, & y a

Météore du 3 de May.

[d] Rélation de Mr. Moula.

[e] Rélation de Mr. le M. Muret & de Mr. Gaquebin de la Ferrière.

a reparu, encore à la même heure, deux jours après le 5 de Mars. Le 3 & le 5 la terre a aussi tremblé à *Brigue*, à plusieurs reprises. Les secousses sont encore revenuës le septième [ƒ].

Observations générales.

Une observation à faire sur tous ces tremblemens, qu'on a éprouvé depuis le premier Novembre, c'est qu'il y a eu certains jours marqués par des agitations plus violentes & plus générales, qui semblent même indiquer une sorte de retour périodique. Le tremblement de terre du premier Novembre a non seulement ébranlé violemment le Portugal & l'Espagne, & agité les eaux partout; mais les secousses se sont faites sentir, avec plus ou moins de force, dans une infinité d'autres endroits. Le 19 No-

[ƒ] Rélations de *Mr.* le *M.* de Coppet. Pendant que les tremblemens ont duré & après on a vu des méteores ignées en divers pays; le 23 9bre 1755 en Suede; le 9 Decembre à Côme; le 23 au pied des Pyrénées ; le 3 & le 5 de Mars 1756 à Avignon &c.

19 Novembre, le Portugal, l'Afrique, & plufieurs autres contrées ont été vivement fécoués. Le 9 Decembre a été marqué, auffi bien que le 27, par des tremblemens qui ont été aperçus dans un grand nombre de lieux fort diftans. Chaque fois la *Suiffe* a reffenti quelque commotion. Si l'on combinoit avec foin toutes les rélations, peut-être trouveroit-on entre le 27 Decembre & le 18 Février, des jours marqués par des agitations plus confidérables, qui confirmeroient notre conjecture fur ces retours périodiques, que nous ne hazardons qu'afin que quelqu'un l'examine avec foin. Outre cela on a obfervé que les retours journaliers ont eu une forte d'époque vers le crépufcule du matin & fur le déclin du jour.

Une autre obfervation, c'eft que dans la plûpart des tremblemens de terre l'effervefcence, la déflagration, la détonation & les fécouffes fe font apercevoir à des grandes diftances à la même heure. On l'a fur-tout obfervé dans ces derniers tremblemens. Ce n'eft pas par

le

le contaɛt & la communication des terres contigues que se fait la propogation
des balancemens, car souvent des points
intermédiaires, quelquefois plus élevés,
d'autres fois plus bas, ne ressentent rien.
Seroit - ce une agitation communiquée
par l'ondulation des eaux? Dans ce cas le
mouvement s'affoibliroit en s'éloignant.
Il faut que les lits de matières bitumi-
neuses & sulphureuses, minérales & sa-
lines, se communiquent les uns aux autres par des canaux & des fentes, comme les boyaux des mines, qui doivent
jouer en même tems. La déflagration
est promte, la communication est rapide, & le ravage est proportionné à la
quantité de matières enflammées, à la
compression de l'air enfermé, à la proximité du grand foyer de la mine principale,
à la nature de la surface des terres, plus ou
moins propres à oppoſer une certaine
réſistance à la dilation de l'air échauffé.
Demander plus de précision, des preuves de détail, des explications diſtinc-
tes, qui ne laiſſent plus d'obſcurité,
c'eſt exiger l'impoſſible.

SIXIE-

SIXIEME MEMOIRE.

RECHERCHES PHYSIQUES SUR LES CAU-
SES NATURELLES DES TREMBLE-
MENS DE TERRE.

I L Y A longtems qu'on a déci-
dé qu'il étoit difficile de donner des explications satisfai-
santes des tremblemens de ter-
re [g]. C'est de la variété des circon-
stan-

Difficulté
du sujet.

[g] *Est enim hæc quæstio*, dit SENEQUE, *omnium maxima atque involutissima, in qua etiam,
cum multum actum erit, omnis tamen ætas, quod a-
gat, inveniet, &c.* Quæst. Natur. Lib. VI. Cap. V.
sub fin. MURET, dans ses notes sur le Chap. I. de
ce même Livre VI. du Philosophe, dit aussi, *vix
ulla est quæstio, de qua major e contentione disputa-
rint Philosophi, quam de terræ motu, de quo tamen nihil adhuc pro certo atque explorato statuere
potuerint.*

L 5

ftances, de la diverfité des phénomènes &
de l'infuffifance des obfervations que naît
cette difficulté.   Plufieurs caufes con-
courrent dans de certaines occafions, &
plufieurs autres agiffent dans quelques
rencontres. Quelquefois elles produifent
leur effet féparement; elles fe combi-
rent de mille façons différentes.   Eft-il
étonnant que, ne pouvant faifir toutes
ces combinaifons, on n'ait pas pû affig-
ner à chaque tremblement la caufe qui
l'a fait naître ? Nous connoiffons la furface de la terre par les voyages, fon intérieur par de fimples conjectures. Nous
marchons à tâtons dans ces routes fom-
bres. M. Buache vient de publier une
defcription de cet intérieur fi peu connu.   C'eft la charpente de la terre qu'il
veut nous peindre.   Je n'ai point encore vû cet ouvrage ingenieux.   De pareils efforts peuvent donner des lumières : fouvent réitérés & réunis ils doivent enfin produire un jour qui nous
manque.

Il faut dif- Distinguer avec foin les diverfes
tinguer les   ef-

espèces de commotion de la terre; dé- *espèces de tremblemens & les diverses causes.*
tailler les différentes caufes pour recon-
noître la principale [b]; démêler les
principes différens qui peuvent mettre
en mouvement les parties intérieures du
Globe; appliquer ces diftinctions à quelques cas particuliers; voilà tout ce qu'on
peut entreprendre & tout ce qu'on doit
exiger. Confondre toutes les efpèces
de tremblement & vouloir s'en tenir à
une feule caufe, c'eft errer dans la mé-
thode & contre la vérité. C'eft vouloir
affujettir la nature à l'hypothèfe. Il y
a des tremblemens généraux, il en eft
de particuliers. Les uns font accompagnés d'éruption de pouffière ou de terre,
d'autres d'éruption d'eau, des troifièmes
d'éruption de feu, de flammes, de cendres, plufieurs font fans aucune éruption. Les uns paroiffent montrer une
effervefcence intérieure; les autres dé-
cé-

[b] *Sunt aliquot quoque res, quarum unam di-
cere caufam*

Non fatis eft, verum plureis, unde una tamen fit.

T. Lucret de rerum natur. Lib. VI. vs. 703 &
704.

célent une inflammation intérieure. Les
uns ont un mouvement d'ondulation,
d'autres une agitation irrégulière. Con-
tent de rechercher toutes les caufes poffibles nous donnerons enfuite un détail
des phénomènes principaux, en effayant
l'application de quelques-unes de ces
caufes, pour leur explication. Divers
Philofophes anciens ont déja fenti la né-
ceffité de recourir à plufieurs caufes
pour expliquer des effets fi compofés &
fi confidérables. DÉMOCRITE crut que
l'air & l'eau étoient les principaux a-
gens; que quelquefois c'étoit une forte
de vent fouterrain, d'autres fois un mouvement des eaux intérieures, fouvent
tous les deux enfemble, qui caufoient
ces mouvemens de la terre. EPICURE
à ces caufes joignit l'action de l'air extérieur, qui entroit dans les cavernes, il
ajouta encore l'ébranlement caufé par la
chûte des rochers dans les mêmes cavernes [i].

LE

____

[i] SENECA Quæft. Nat. Lib. VI. Cap. XX. LU-
CRET. De Nat. rerum Lib. VI. vs. 534 & feq.

LE feu, la chaleur, l'effervefcence, ou l'inflammation, ont toujours été regardés comme les principaux agens dans les tremblemens de terre. C'eft au feu ou à l'éther qu'ANAXAGORE les attribuoit déja, ainfi qu'ARISTOTE le rapporte, pour le refuter [k]. A cette caufe [l] il fubftitue uniquement l'action des vents fouterrains, fans prendre garde que ces courrans d'air fuppofent un principe qui les produit & qui les entretient. La chaleur intérieure, qu'elle qu'en puiffe être la caufe, contribuë inconteftablement à tous les tremblemens de la terre. Notre globe contient dans fes entrailles, outre une quantité fuffifante de parties ignées, toutes les matières propres à les entretenir. De-là un air tempéré prefqu'univerfel dans fon fein & prefque toujours uniforme dans toutes les faifons. De-là le principe d'activité,

La chaleur, principal agent dans les tremblemens de terre.

[k] Lib. II. Meteorologicorum, Cap. VII. Voyez auffi SENEQUE Q. N. Lib. VI. Cap. IX.

[l] ARISTOTE, ibidem, Cap. VIII.

té, de méchanifme, d'accroiffement ou de végétation, qu'on apperçoit partout.

Idées de quelques Philofophes modernes.

LES Philofophes modernes ont affez généralement attribué au feu, ou à la chaleur ces commotions fi effrayantes. Deux Ecrivains viennent encore, à l'occafion des derniers tremblemens, de propofer cette idée fous diifférentes formes. Le premier eft M. le Docteur PONTOPPIDAN , Evêque de *Bergue* & Vice-Chancellier de l'Univerfité [*l*]. Il attribuë tous les phénomènes des tremblemens à des feux fouterrains , cachés dans les antres & les cavernes , diftribués par étages dans l'intérieur de la terre. Le fecond eft M. FRANCKEN. Cet Auteur fuppofe auffi qu'il y a des cavités dans la terre , & que les feux fouterrains en ont beaucoup produit & qu'ils les ont aggrandis. Ces parties de feu, concentrées, enflammées, ou dévelopées par diverfes caufes , peuvent produire

des

[*l*] Il vient de publier fon ouvrage en Danois.

des éclairs fouterrains. De-là une rare-
faction fubite dans l'air, de-là des vapeurs actives. Le terre réfiftant à leur
dilatation, à leur expanfion & à leur
cours, doit en être pouffée, preffée,
ébranlée. Si elles fe font jour au travers de fa furface, voilà; des volcans.
Si elles foulèvent les mers, qui leur ré-
fiftent plus que les terres, voilà la fource de ces phénomènes que les voyageurs
fur mer rapportent [m]. GASSENDI avoit
déja attribué tous les tremblemens à une
inflammation fouterraine [n]. Moi je ne
fai s'il y a toujours du feu ou de la
flamme, & fi une fimple effervefcence ne
peut pas, dans certaines rencontres,

pro-

[m] JOACHIM FRANCKEN Verfuch in Phyfi-
fchen Betrachtungen uber die Urfache und Ent-
ftehungsart des Erdbebens. Schleswig, 8. 1756.
Voyez auffi Nouv. Bib. Germ. de Mr. FORMEY.
T. XIX. 1 Part. p. 37 & fuiv.

[n] Dans la vie d'EPICURE. C'eft le fentiment
de ROHAULT, Phyfic. Pars III. Cap. IX. art. 25. 26.
27. & de LE CLERC, Phyf. Lib. III. Cap. III. art.
19 & feq.

produire quelques uns de ces effets. Il s'agit d'ailleurs de développer & le principe & l'action de ces effervefcences ou de ces inflammations.

Matières effervefcibles & inflammables dans la terre ou Pyriteufes. Nous avons déja remarqué dans notre premier Mémoire qu'il y avoit dans le fein de la terre une grande quantité de matières effervefcibles &inflammables; fouffres, nitres, fer, bitumes, pyrites. Les PYRITES en particulier, qui font les plus communes de toutes ces matières, font auffi les plus propres à l'effervefcence, ou l'inflammation. C'eft un fouffre minéralifé par le fer; de différentes figures; dont la couleur eft quelquefois d'un jaune pâle & brillant; quand elle eft mêlée avec la pierre ou la terre, fa couleur eft différente. La pyrite fait du feu, quand on la frappe avec l'acier; les étincelles qui en partent font grandes & accompagnées d'une odeur fulfureufe; elle fe caffe dans le feu; elle y produit une flamme bleuâtre & une fumée fuffoquante; brûlée, c'eft une poudre d'un rouge foncé. Toute pyrite con-

contient beaucoup de fer. La pyrite pu-
re & folide étoit la pierre à feu des anciens. Toutes les marcaffites ne font
que des pyrites criftalifées ; elles con-
tiennent ordinairement du cuivre avec
le fer [o]. Ces matières font tantôt féparées tantôt réunies ; minéralifées, ou
amalgamées enfemble ; elles font par
couches, par lits, par filons, par filets,
par mas. C'eft ce que les Mineurs nous
apprennent unanimement. C'eft ce qu'on
a vérifié par nombre d'obfervations, &
ce qu'on a lieu de conclurre par analogie, pour les lieux où l'on n'a point
fouillé. C'eft par le moyen de ces matières pyriteufes, qui s'echauffent, quand
elles font mouillées, à un certain point,
que font produites les fources chaudes,
qui coulent & fe maintiennent fans re-
lâche. Tous les païs abondans en matières pyriteufes entretiennent une plus
grande quantité de ces eaux thermales.

Il eft auffi une craye foffile & miné- Crayes
ra- minérales.

[o] Voyez la Pyritologie de HENCKEL.

rale, qui fermente & s'échauffe, quand elle est suffisamment humectée, semblable à la chaux vive, qui se met en effervescence, lorsqu'on jette de l'eau dessus. Ainsi font échauffées les fameuses eaux de *Bath* en *Angleterre*. On trouve aux environs de ce lieu des couches de cette craye ou chaux fossile. J'ai trouvé aussi de cette craye dans des vignes aux environs d'Orbe, au de-là de Bosseaz. C'est une espèce de craye dure, pesante, blanchâtre, rude au toucher, qui ne s'attache point à la langue, qui a un goût astringent & une odeur de souffre. On en trouve quelques morceaux dans tout ce quartier de vigne. De là sans doute le goût de souffre, que ce vin a durant la prémière année. On observe que ce vin a beaucoup moins ce goût qu'autrefois, apparemment parce que ces vignes, à force d'être travaillées, perdent cette chaux fossile, qui se détruira enfin dans ce lieu-là. Peut-être aussi que la terre, devenuë plus froide par-là, en rapportera moins.

On

ON vérifie par nombre d'expériences toutes les suppositions d'inflammation, d'effervefcence & d'explofion dans le fein de la terre. Par nombre d'artifices on imite les procédés de la nature. Je ne parlerai pas de la poudre à canon, compofée de fouffre, de falpêtre & de charbon. Ses effets font connus auffi bien que fa compofition. Ces effets ont du rapport avec ceux de la foudre & à ceux des Volcans. Déjà nous avons vû l'expérience fi connuë de M. LEME-RY [p]. Les effets de *l'or-fulminant* & de la *poudre-fulminante* ne font pas moins remarquables [q]. L'or fulminant eft de l'or diffout par l'eau régale & précipité par le moyen de l'huile de tartre, faite par défaillance, ou de l'efprit vo-latile de fel ammoniac. Il fe trouve au fond du vafe, où s'eft faite la précipi-

ta-

Imita-tions de la nature.

[p] Ci-deffus I. Memoire. Voyez auffi NEWTON Optique, Liv. III. Queft. 31.

[q] GASSENDI. Lib. II. de Meteor. Cap. V. LE-MERY, Cours de Chimie Part. I. Ch. I.

tation, une poudre, qui étant defféchée
d'elle-même, ou au bain-marie, & non
pas fur le feu, eft fufceptible d'une fubite inflammation, non feulement par le
feu, mais par une chaleur légère. Elle
fait un bruit plus grand que la poudre à
canon. Elle brife tout ce qui eft au-
deffous. Un fcrupule de cette poudre
agit plus violemment qu'une demi-livre
de poudre à canon. Un feul grain ou
deux mis fur la pointe d'un couteau &
allumé à la chandelle fait plus de bruit
qu'un coup de fufil. Elle confume jufqu'au dernier atôme. La *poudre fulmi-
nante* eft compofée de trois parties de
nitre, de deux parties de fel de tartre,
& d'une partie de fouffre pilées & mêlées enfemble. On en fait auffi avec du
cuivre & du fer. L'explofion de ces
poudres a une force étonnante. Elles
font leur effort principalement en bas.
Si l'on fe fert de cueillères de cuivre,
pour les faire fulminer, on les trouve
percées après la fulmination. L'effet de
l'or fulminant eft le plus violent. Les
minéraux en général, expofés fur le feu,

dans

dans un creuset, lorsqu'ils commencent
à s'échauffer font un bruit ou une détonnation surprenante. Ce font les parties volatiles sulphureuses, qui sortent
avec impétuosité, & l'humidité qui s'é-
chauffe & qui, frapant l'air, donnent
lieu à cet éclat. Voilà une image du
tonnerre & des éclairs, qui peuvent
s'exécuter dans les entrailles de la terre,
à peu près comme dans le sein des nuées
épaisses. La Chimie nous offre encore
une multitude d'autres sortes d'effervescences, ou d'inflammations. L'antimoine
broyé, mêlé avec le sublimé, ou la
fleur de souffre & la limaille d'acier fer-
mentent encore avec facilité.

Le foin & le fumier, humides &
pressés, s'échauffent aussi & s'enflament
quelquefois. Les terres remplies de pyrites mises par monceaux, exposées à
l'air & aux pluyss, s'échauffent sous les
yeux des Mineurs & répandent au loin
leur odeur sulphureuse. Si on met de
ces terres dans une chambre, bientôt
elle est remplie d'exhalaisons, qui s'en-

Autres matières qui con- çoivent de la cha- leur.

fla-

flament; fi l'on apporte. une chandelle allumée, elles font voir de nuit une reffemblance d'éclairs très-vifs. C'eft une image de ce qui fe paffe dans l'atmofphère pour la formation des météores ignées.

Foffiles pyriteux ou qui renferment du foufre & du nitre.
Tous les minéraux & tous les foffiles en général, qui renferment des pyrites, font plus ou moins fufceptibles d'inflammation, ou d'effervefcence, par l'eau, la chaleur ou le feu. Les charbons de pierre, les lithanthraces, durent au feu d'autant plus qu'il y a plus de foufre, ou de pyrites, mêlés parmi les matières fchifteufes. Cette remarque eft du Docteur LISTER [r]. Le charbon d'Ecoffe eft prefqu'entièrement bitumineux; c'eft pourquoi il brûle vîte & laiffe un *fraifil* ou une cendre blanche. Celui de *Newcaftle* fe confume lentement. Celui de

Sun-

[r] LISTERUS de fontibus medicatis Angliæ. Voyez auffi l'hiftoire des tremblemens de Terre arrivés à *Lima*, I. Partie pag. 134. & fuiv. Haye 1752.

Sunderland, chargé de beaucoup de pyrites, brûle beaucoup plus long-tems encore, jufqu'à ce qu'il laiffe un fraifil rougeâtre, qui eft une efpèce d'aiman. Le D. Lister avoit un morceau de charbon d'*Irlande*, qu'on difoit pouvoir conferver, avec une couleur rouge, fa figure & une grande chaleur pendant vingt & quatre heures. Par fon poids & fa couleur, il reffembloit beaucoup à la pyrite même. Le charbon foffile de *Friénisberg*, découvert il y a déja quelques années par un Seigneur Baillif de ce lieu là [s], & dont on ne fait point d'ufage, quoiqu'il foit à une fi petite diftance de *Berne*, eft auffi fort pyriteux. C'eft pour cela qu'il exhale une odeur de fouffre. Si on le gardoit plus longtems hors de terre, au fec, avant que de le mettre au feu, l'odeur feroit moins forte. Le charbon foffile de *Bochat* près de Lutri, à la Vaux, eft plus bitumineux que celui de *Friénisberg*. Ce

lui

[s] Mr. Augustin Willading.

lui de *Caftelen* eft plus ligneux & plus terreftre.

Matières pyriteufes aux environs des Volcans.

Il n'est point de matière aux environs des Volcans dans la terre & fur fa furface, qui ne préfentent des indices de pyrites. Les environs de l'*Hécla*, du *Véfuve*, de l'*Etna*, du *Fuegos* font remplis de ces matières. Il en fort de toutes les éruptions de ces montagnes [t]. Voilà donc la fource & le principe univerfel de la chaleur intérieure & de tous les phénomènes qui demandent de l'inflammation, ou de l'effervefcence. C'eft auffi la fource intariffable de tous les météores ignées. Auffi tous les Auteurs s'accordent à parler de pluyes, après des tonnerres & des éclairs, qui ont laiffé des dépôts de fouffre & de fer. Wor-mius en particulier nous a donné la rélation d'une pluye de fouffre, qui tomba

[t] Voyez Misson Voyage d'Italie. Hiftoire de d'Iflande par Anderson, T. I. Voyez auffi Memoire fur la caufe des tremblem. par Mr. Thomas. Journal de Verdun, Nov. 1756. pag. 347.

ba le 16. Mai 1646. à *Coppenbague* [*u*].

LES lieux exposés aux tremblemens de terre, aussi bien que les montagnes ignivomes, sont surtout remplis de ces matières pyriteuses. Toute la terre au *Chili* & au *Pérou* est remplie de mines de souffre & de métaux, de nitre, & de sel [*x*]. Il y a aussi plusieurs Volcans dans ce païs-là. Le long des côtes de la mer les tremblemens y sont plus fréquens, parce que les pyrites sont mouillées plus facilement par les eaux, qui les baignent sans cesse. Le D. LISTER a observé que les pyrites ne sopt pas en Angleterre en aussi grande quantité, ni si chargées de souffres qu'ailleurs. Il y en a

Lieux abondans en pyrites exposés aux tremblemens.

[*u*] Museum Wormiannm, Lib. I. Cap. XI. sect. I. Voyez DERHAM Théologie physique, Liv. I. Chap. III. p. 31.

[*x*] Mr. BOUGUER dans son traité de la figure de la Terre remarque que la terre au Pérou est pleine de souffre & de salpetre. DON ULLOA fait la même observation dans son Voyage de l'Amérique, Tom. I. p. 471.

a un peu par-tout, mais très-difperfées.
Si par hazard on en trouve quelques couches, elles font très-minces, en compa-
raifon de celles qu'on trouve dans les
montagnes brûlantes & dans les païs fujets aux tremblemens de terre, comme
en *Italie*, à la *Jamaïque* & ailleurs. C'eft
par cette raifon que les tremblemens en
Angleterre font rares & peu fenfibles.

Quatre obfervations des Mineurs.

LES Mineurs s'accordent tous dans
ces quatre points : 1. qu'il y a prefque
par-tout, dans le fein de la terre, des
pyrites, en plus grande ou plus petite
quantité, fous différentes formes ; 2.
que par-tout où il y a des pyrites, il y
a des vapeurs & des exhalaifons fulphureufes dans le fein même de la terre, &
qui de-là l'élévent dans l'atmofphère ;
3. que ces vapeurs & ces matières peuvent prendre feu ou s'enflamer d'elles-
mêmes, dans l'air, fur la terre & fous
la terre ; 4. que l'eau, en certaine quantité, qui ne les noye pas, met les pyrites dans une effervefcence très-active,
très-chaude, très-violente.

CON-

Concluons de-là qu'il n'eſt point né- ^{Conſé-}
ceſſaire de ſuppoſer dans tous les tremblemens de terre une inflammation & qu'il
peut y en avoir, où il n'y a que de la
fermentation, dont les effets doivent
être plus réguliers, plus uniformes, quoique tout-auſſi effrayants & quelquefois
bien auſſi funeſtes.

Il n'est donc point néceſſaire d'aller chercher dans le ciel, ou dans les
aſtres, la cauſe d'un feu & d'une chaleur, dont la ſource intariſſable eſt dans
le ſein-même de la terre. Les Babylo-
niens, accoutumés à faire dépendre
leur deſtinée des aſtres, ne dûrent pas
manquer d'y chercher auſſi le principe
des tremblemens de terre. C'eſt ce que
Pline nous apprend. (y). Nous ne
croyons pas devoir entièrement exclurre
l'action

(y) *Babyloniorum Doctores exiſtimant terræ motus hiatusque & cætera omnia, vi ſiderum fieri,
ſed illorum trium, quibus fulmina aſſignant.* Il
veut parler des planètes de Saturne, de Jupiter &
de Mars. Hiſt. Nat. Lib. II. Cap. LXXIX.

l'action des corps les plus voisins de la terre, celle du soleil en particulier. Si la lune & le soleil peuvent causer le flux de la mer par leur attraction sur les eaux de la terre, ou par une pression sur sa surface liquidé: si l'atmosphère de la lune, dont l'existence a été démontrée [z], presse sur celui de notre terre, pourquoi ces grands corps ne pourroient-ils pas aussi influer sur les commotions de notre globe? M. Gautier a attribué les divers tremblemens principalement à l'action du soleil [a]. C'est aller trop loin & confondre une cau-

(z) Voyez les observations de *M.* de Louville, Hist. de l'Ac. Roy. des Sciences, An. 1715.

(a) L'Auteur a publié des Cartes en couleur des lieux sujets aux tremblemens de terre, dans toutes les parties du *Monde*, selon le sistème de l'impression solaire. Folio, Paris. 1756. Aristote a déja prétendu que la Lune influoit sur les tremblemens de terre. Voyez *Meteorologicorum* Lib II. Cap. VIII. p. 350. Lugdun. 1599. fol. Je ne sai si jamais, depuis lors, cette supposition a été bien vérifiée par des observations sûres.

cause, peut-être fort éloignée, mais possible, avec les causes prochaines, principales & certaines. Le soleil, échaufant l'air, le dilate, élève de la terre des vapeurs aqueuses avec des matières sulphureuses, nitreuses, & minérales. De-là les vents irréguliers, les orages, les nuées, les brouillards & tous les météores aqueux &. ignées. La terre s'approche & s'éloigne du soleil, dans son cours annuel; elle lui présente successivement divers hémisphères, dans son cours diurne. Elle reçoit par-là plus ou moins de rayons du soleil. De-là la différence des températures & la variété des vents constans & réglés. Voilà ce que l'expérience nous apprend, avec certitude, de l'influence des astres sur notre terre. Tout cela peut aussi influer sur la température de l'air souterrain & concourrir différemment avec le mécanisme intérieur. Nous ne nions donc point toute influence. Peut-être y en a-t-il encore quelqu'autre que nous ne connoissons

pas

pas encore. Nous ne prononçons point
fur ce fujet., fuivant l'avis d'un grand
Philofophe , qu'on ne foupçonnera jamais de donner dans les qualités occul-
tes & les chimères [b].

Idée de M.
Hales fur
les trem-
blemens
de terre.

Ces réflexions fur l'influence de l'atmofphère , fur l'intérieur de la terre,
nous conduifent naturellement à examiner l'hypothèfe que M. Hales a imaginée pour expliquer les tremblemens
de terre. C'eft dans cet air extérieur,
chargé de matières fulphureufes, & enflammées , que cet habile Phyficien
cherche le premier agent de ces commotions intérieures [c]. Il avoit prouvé [d] que du mélange d'un air pur
avec

[b] M. Musschenbroek Oratio de experi-
mentis inftituendis, pag. 19. Trajec.

[c] Réflexions phyfiques fur les caufes des tremblemens de terre, préfentées à la Société Royale
de Londres le 5 Avril 1750. V. S.

[d] Appendix de la Statique des Végétaux, 3 Expérience.

avec un air fulphureux il en naiffoit tout
d'un coup une forte fermentation. Ces
airs, de clairs & tranfparens, qu'ils é-
toient auparavant, forment auffitôt une
fumée rougeâtre, de la couleur de ces
vapeurs qu'on voit quelquefois avant
les tremblemens de terre [e]. Lorsque des exhalaifons fulphureufes s'élèvent de la terre, leur mélange avec l'air
extérieur doit donc y produire une effervefcence. Ces vapeurs, parvenues
dans la moyenne région de l'air, & fu-
blimées, acquièrent une telle rapidité,
qu'elles peuvent s'enflammer. De-là les
éclairs & les tonnerres. Ces vapeurs enflammées détruifent l'élafticité de l'air;
d'où fe fait une grande commotion dans
l'air, lors qu'il fe précipite dans ces places vuides, ou qui font moins de réfiftance. Il doit s'y jetter avec une très-
grande viteffe. Le Docteur Papin a
calculé que la viteffe avec laquelle l'air
en-

____

[e] On vit un pareil nuage à *Londres*, avant le
tremblement du 19 Mai 1750.

entre dans un récipient vuide, lors qu'il y est poussé par la pression de toute l'atmosphère, est à raison de 1305 pieds, pendant l'espace d'une seconde, ce qui fait 889 milles par heure : vitesse près de 18 fois plus grande que celles des plus fortes tempêtes, qui est estimée être environ de 50 milles par heure. Nous voyons de-là qu'un fort ouragan peut provenir de l'affoiblissement de l'élasticité de l'air en quelque endroit. Aussi au Cap de *Bonne-Espérance* [f] & le long des côtes de *Guinée* les tempêtes sont précédées de nuages noirs, qui détruisant l'élasticité d'une grande quantité d'air, font entrer avec violence celui qui est le plus voisin dans le vuide qui se fait. Les tremblemens sont précédés de ces nuages & arrivent dans un tems calme. Le vent dissiperoit ces vapeurs. Ces nuages font sans doute

te

____

[f] Description du Cap de *Bonne-Espérance* Tom. II. Chap. XV. p. 224. & suiv. Voyez Usages des montagnes, Chap. X. p. 84. suiv.

te plus près alors de la surface de la
terre, que ceux qui excitent les oura-
gans, dans l'air. Par un effet de quelque choc, subitement-embrasés, tandis
qu'il s'élève de la terre de nouvelles exhalaisons suphureuses, cet embrasement
peut donner lieu à un reflux & à une inflammation sous la surface de la terre,
non pas à une grande profondeur [g].
Le choc de cet air enflammé est par
conséquent la cause immédiate des tremblemens de terre. Ainsi s'enflamme une
trainée de poudre. Ainsi ces étoiles, qui
paroissent tomber du ciel, ne sont qu'u-
ne suite de matière sulphureuse, qui
s'allume. Ainsi une chandelle éteinte
se rallume subitement par le moyen de
la fumée, qui monte encore de sa mè-
che. La terre est pleine de fissures, qui
donnent lieu à la sortie de ces exhalaisons

[g] ARISTOTE, qui attribue les tremblemens de
terre aux vents, suppose aussi un reflux & une
collision de l'air, qui sort avec celui qui reflue. Il
suppose ce choc assez puissant pour ébranler la tèr-
re. *Meteorol.* Lib. II. Cap. VIII.

fons fulphureufes & à la communication de l'inflammation extérieure. Auffi Borelli prétend-il que les feux fouterrains commencent à s'allumer près de la furface.

Réflexions sur l'hypothèfe de M. Hales.　IL eft poffible que la nature ait fuivi ce procédé dans le tremblement reffenti à Londres en 1750. Il fe peut qu'aux caufes intérieures fe joigne quelquefois cette inflammation extérieure, qui, en communiquant dans le fein de la terre, ou fous fa furface, augmente l'agitation. Nous ne rejettons aucune caufe poffible : nous tâchons feulement de raffembler toutes celles qui font probables. Mais il ne paroît pas que ce foit là une caufe générale des tremblemens de terre. Souvent ils arrivent au milieu d'un grand vent, ou après une pluye qui auroit diffipé ce nuage & ces exhalaifons, qui doivent s'enflammer. Fort fouvent, & plus fouvent encore, on ne voit ni éclairs ni inflammations au déhors. Combien de fois la terre n'a-t-elle pas tremblé avec un ciel pur & ferein ? Auffi

ne

ne paroît-il pas que M. Hales ait regardé cette caufe comme le principe
de tous les tremblemens de terre; mais
feulement de ceux qui font occafionnés
par les feux fouterrains, qui ne s'étendent pas fort loin & qui femblent n'é-
branler que la furface.

Il eft donc bien démontré que les
tremblemens de terre fuppofent une fermentation, ou une inflammation intérieure. Suivons maintenant autant
qu'il eft poffible, le procédé de la
nature, & voyons quel effet peut
produire ce feu ou cette effervefcence fur l'air intérieur. Soit que l'air,
perdant fon reffort par les vapeurs fulphureufes, comme le prétend M. Hales, attire par le vuide qu'il laiffe l'air
circonvoifin; foit que cet air dilaté
par la chaleur faffe effort pour s'échaper, il doit naître de-là un cours rapide d'air, qui ne peut qu'ébranler avec
violence les maffes folides, qui lui font
réfiftance. Son effort étant proportionné au dégré de viteffe qu'il a acquis &
à la quantité qui eft en mouvement; on

Effets de la chaleur fur l'air intérieur.

com-

comprend déja fans peine que l'effet doit être prodigieux. Jugeons - en par la petite quantité d'air que contient la poudre allumée dans un canon.

Pourquoi l'éclat des tremblemens de terre n'eſt pas proportionné à leur violence. L'ÉCLAT ne doit pas toujours être proportionné à l'effort. Pluſieurs matières peuvent ſans affoiblir la force de l'exploſion diminuer celle du bruit. C'eſt ce qu'on fait encore par la poudre à canon. On fait de la poudre *muette* ou *ſourde*. On ajoute pour cela à la poudre commune du borax, de la pierre calaminaire, ou du ſel ammoniac, ou des taupes calcinées, ou de la ſeconde écorce de ſureau. Que de matières pareilles ne peuvent pas, dans le ſein de la terre, ſans arrêter la force du reſſort de l'air, en affoiblir l'éclat? D'ailleurs l'inflammation, ou l'efferveſcance, peuvent être à un telle profondeur que le bruit intercepté n'en ſauroit venir juſqu'à nous.

Vents ſouterrains. PLINE attribuë tous les tremblemens de terre aux vents ou aux courants d'air

in-

intérieur (*b*). Cela peut être vrai.
Mais il s'agit de favoir quelle eft la caufe de ces courans. Seneque adopte la
même idée, qu'il développe fort bien
(*i*), en fuivant le Philofophe Archelaus.

(*b*) Plin. Hift. Nat. Lib. II. Cap. LXXIX.
*Ventos in caufa effe non dubium reor. Neque enim
unquam intremifcunt terræ, nifi fopito mari, cælo-
que adeo tranquillo, ut volatus avium non pen-
deant, fubtracto omni fpiritu qui vehit : nec unquam
nifi poft ventos, conditos fcilicet in venas & cavernas
ejus, occulto flatu. Neque aliud eft in terra tremor,
quam in nube tonitruum : nec biatus aliud, quam
cum fulmen erumpit : inclufo fpiritu luctante, & ad
libertatem exire nitente.*

(*i*) Senec. Q. N. Lib. VI. Cap. XII. *Spiri-
tum effe qui moveat & plurimis & maximis au-
ctoribus placet. Archelaus antiquitatis diligens, ait
ita : Venti in concava terrarum deferuntur : deinde
ubi jam omnia fpatia plena funt, & in quantum aër
potuit denfatus eft, is qui fupervenit fpiritus, prio-
rem premit & elidit, ac frequentibus plagis primo
cogit, deinde perturbat. Tunc ille quærens locum,
omnes auguftias dimovet, & clauftra conatur ef-
fringere. Sic evenit, ut terræ, fpiritu luctante, &
fugam quærente, moveantur. Itaque cum terræ
motus futurus eft, præcedit aëris tranquillitas &*

                          quies :

laus. Il est certain que plusieurs des causes, qui donnent lieu aux vents dans l'atmosphère, peuvent aussi les exciter dans la terre; & ces courans d'air peuvent quelquefois produire des commotions. Un air refoulé, comprimé dans une caverne par un air nouveau, qui y entre avec force, & un air dilaté qui en sort avec véhémence, peuvent ébranler de différentes manières quelques parties de la terre. Mais ce ne peut pas être là la cause principale de ces tremblemens généraux & presqu'universels, qui parcourent tout le globe. C'est cependant à ces vents intérieurs qu'Aristote attribue tous les phénomènes des trem-

quies: videlicet quia vis spiritus, quæ concitare ventos solet, in inferna sede detinetur. Nunc quoque cum hic motus in Campania fuit, quamvis hiberno tempore & inquieto, per superiores dies aër stetit. Quid ergo? Numquam flante vento terra concussa est? Admodum raro duo flavere simul venti. Fieri tamen & potest, & solet. Quid si recipimus & constat duos ventos rem simul gerere: quidni accidere possit, ut alter superiorem aëra agitet, alter inferum?

tremblemens. Il cherche l'origine de ces vents dans le conflit des vapeurs sèches & humides, qui montent & redescendent dans le sein de la terre (*k*). On ne peut nier cette circulation. De-là doit naître sans doute une agitation de l'air intérieur. De-là aussi peuvent venir quelques sécousses. Mais l'effet d'une cause aussi foible & aussi particulière ne doit jamais avoir bien de la force ni beaucoup d'étenduë. C'est par cette raison qu'il prétend que les tremblemens arrivent quand l'air extérieur est tranquille, la mer calme & que les vents sont renfermés dans l'intérieur (*l*). Pour confirmer son opinion, il tire une raison des temps & des lieux (*m*). Des tems;

par-

(*k*) *Meteor.* Lib. II. Cap. VIII. Voyez comment SENEQUE rapporte le sentiment d'Aristote, Q. N. Lib. VI. Cap. XIV.

(*l*) ARISTOTELES, ubi supra.

(*m*) ἔτι δὲ περὶ τόπους τοιούτους οἱ ἰσχυρότατοι γίνονται οἱ σεισμοὶ, ὅπου ἡ θάλασσα ῥοώδης, ἢ ἡ χώρα σομφὴ καὶ ὕπαντος. &c. — καὶ νυκτὸς δὲ οἱ πλείους καὶ μείζους γίγνονται οἱ σεισμοὶ. &c. — Id. Ibid.

parce que c'eſt au printems & en automne , la nuit plûtot que le jour , que la terre eſt le plus ordinairement agitée; tems auſſi, où il arrive le plus de révolutions dans l'atmoſphère. Cependant cela n'eſt pas exaĉtement vrai, ni pour tous les tems ni pour tous les païs. Il raiſonne encore ſur les lieux; parce que les païs les plus caverneux ſont les plus expoſés aux tremblemens de terre. C'eſt dans ces antres ſouterrains que s'exécute ce jeu & ce combat des vents. En effet les païs dont le ſol eſt ſabloneux, graveleux ou limoneux, ſont peu expoſés aux tremblemens de terre ou ils y ſont foibles. On prétend que l'Egypte n'en éprouva jamais [n]. Tout cela eſt aſſez exaĉtement vrai. Mais on peut en rendre d'autres raiſons; rien de tout cela ne prouve que tous les tremblemens viennent des vents intérieurs. C'étoit auſſi - là l'opinion des Péripatéticiens. Epicure ſemble être dans leur ſentiment,

[n] Pline. *Hiſt. Nat.* Lib. II. Cap. LXXX. Voyez auſſi Seneç. Q. N. Lib. VI. Cap. XXVI.

ment, quoiqu'il n'excluë pas abſolument ·les autres cauſes , il regarde les vents comme la principale. LUCRECE entre dans ces idées & les développe [o]. Mais ces Philoſophes n'ont pas fait aſſez attention à la petite quantité d'air qu'il y a dans le centre de la terre, où les Mineurs, pour pouvoir reſpirer, ſont obligés d'en envoyer avec des ſoufflets. Ils n'ont

[o] LUCRET. Lib. VI, vs. 556--563. & 576-580.

Præterea, ventus cum per loca ſubcava terræ
Conlectus parti ex una procumbit, & urget
Obnixus magnis ſpeluncas viribus altas;
Incumbit tellus, quo venti prona premit vis:
Tum, ſupera terram quæ ſunt exſtructa domorum,
Ad Coelumque magis quanto ſunt edita quæque,
Inclinata minent in eandem prodita partem,
Protractæque trabes impendent ire paratæ . . . :

. . . .

Eſt hæc ejuſdem quoque magni cauſa tremoris,
Ventus ubi, atque animæ ſubito vis maxima quædam,
Aut extrinſecus, ut ipſa a Tellure coorta
In loca ſe cava Terraï conjecit, ibique
Speluncas inter magnas fremit ante tumultu;

n'ont pas pris garde non plus à la pro-
digieuſe force qu'il faut pour ébranler
une étenduë de terrein quelquefois de
plus de mille lieuës. C'eſt donc d'une
circonſtance particuliere, d'un moyen,
d'un inſtrument qui ſert quelquefois,
faire une cauſe univerſelle & con-
ſtante.

Sentiment de Sperlingius & de quelques autres Philoſophes.

Un Profeſſeur en Philoſophie à Wit-
temberg reſſuſcita, dans le ſiècle paſſé, cette opinion des Peripatéticiens avec quelques changemens: C'eſt Sperlingius.
Les vents ſeuls, à ce qu'il prétend, ou
l'air mis en mouvément & chargé de vapeurs, peut cauſer tous les tremblemens. Les ſignes qui précédent en ſont
une preuve. Pour l'ordinaire l'atmoſphère eſt tranquille, parce que les exhalaiſons propres à exciter les vents ſont
renfermées dans les cavernes. La mer eſt
émuë & les Vaiſſeaux ſont agités, ſans qu'il
paroiſſe de vent ſur la ſurface, parce qu'il
ſouffle intérieurement. Les puits s'enflent
à cauſe des exhalaiſons abondantes con-
te-

tenües dans la terre. Par la même raifon l'eau devient trouble & il fort de la
terre dès vapeurs fouffrées (*p*).

Wincler (*q*) & Thummig (*r*)
adoptent en partie ces idées. Mais leur
explication femble encore infuffifante,
fans cependant pécher contre la vérité.
Ces vapeurs féches, ces exhalaifons fufceptibles d'une grande élafticité; ces efprits fulphureux, ces courans d'air, qui
en naiffent, tout cela contribue, il eft
vrai, aux tremblemens de terre; mais
tout cela ne dévelope pas encore le mécanifme entier & n'explique pas tous les
phénomènes.

C'est donc dans la force étonnante
de l'élafticité de l'air qu'il faut chercher
la caufe de la grandeur des effets des
tremblemens. On a démontré cette é-

Elafticité
de l'air.

lafti-

[*p*] *Inftitutiones Phyficæ*, Lib. V. Cap. IX. Edit.
tert. Witttcberg. 1653.

[*q*] *Phyf.* Part. III. Cap. IX.

[*r*] *Inftit. Philof.* p. 482.

lasticité & cherché à calculer ses effets.
M. M. BOYLE (*s*), 'sGRAVESANDE (*t*),
MUSSCHENBROEK (*u*), NOLLET (*v*) ont
fait nombre d'expériences pour découvrir la force du ressort de l'air. Ainsi
une phiole mince, remplie d'eau chaude
& scellée hermetiquement, une vessie, à
demi soufflée & bien liée, l'une & l'autre exposées sur le feu, sautent avec
éclat. BOYLE (*x*) en particulier a démontré par une expérience ingénieuse
qu'une quantité d'air égale à une goutte
d'eau, l'air extérieur comprimant étant
ôté, peut, par sa propre force, être di-
latée, jusqu'à occuper un espace treize

mille

[*s*] Tract. *de vi aër. elast.* Operum Tom. I,
Venet. 1697. 4.

[*t*] *Phyf. Elem. Math.* Lib. IV. Pars I. T. II.
pag. 577. seq. Leydæ 1742.

[*u*] Tome II. sur l'air.

[*v*] Leç. de Physiq. exp. Tom. III.

[*x*] Tractatus *de mira aëris rarefactione*, Exp. 11.
Operum Tom. 1.

mille fept cent foixante & neuf fois plus grand.

La caufe de cette dilatation doit être cherchée dans la nature même des parties conftituantes de l'air. Elles doivent être cohérentes entr'elles, mais laches; flexibles, mais rigides à un certain point; poreufes & par-là fort expanfibles; fufceptibles d'une agitation prompte. Les parties ignées peuvent s'y imprimer avec facilité, auffi n'eft-il point de matière qui augmente autant le reffort de l'air que le feu. L'air qui nous environne, furchargé de tout le poids de l'atmofphère, eft comprimé, condenfé, occupant un petit efpace, à raifon de fon expanfibilité. Il eft ainfi dans un état violent (y) & capable d'une très grande dilatation, puisque l'élafticité croît en raifon directe de la denfité (z), & que l'efpace, qu'il peut occuper par la

[y] Senguerdius, *de Aëre Atmos.* p. 100.

[z] Musschenbroek, Effai de Phyf. T. II. Ch. iii.

la dilatation, est en raison inverse de
la force qui le comprime (*a*). Ce dégré de densité extraordinaire, qui tient
le ressort de l'air assujetti dans un état
de contrainte, est nécessaire aux plantes
& aux animaux, il est aussi le principe
de tous les mouvemens qui s'exécutent
dans l'air & qui se succédent sans cesse.
De-là la formation de tous les météores
& la circulation perpétuelle de l'eau &
de l'air. De-là une propension perma-
nente & un effort continuel de l'air à se
dilater; & il se dilate toutes les fois que
la compression, qui l'empêche, dimi-
nue, ou que les matières qui peuvent
l'étendre, en s'insinuant dans ses pores,
augmentent. L'air, qui est dans l'intérieur de la terre, étant plus condensé
encore que celui qui est au-dessus de la
surface, il est plus susceptible de dilatation subite & d'une prompte expan-
sion. Son effort est plus grand & ses
effets doivent être plus violens.

                                    Le

[*a*] Wolfius, *Aëromet.* 's Gravesande, T. II.
Lib. IV. Cap. IV.

La favant Auteur [b] du Mémoire fur les caufes du tremblement de terre, inféré dans le Journal de *Verdun* [c], a très-bien fenti que l'air elaftique étoit la principale caufe des tremblemens de terre. Peut-être feroit-on mieux de le regarder comme le principal inftrument, & l'effervefcence, ou l'inflammation des matieres pyriteufes, comme la caufe principale. Je ne faurois donc admettre avec cet Auteur, qui s'appuye de l'au-torité de M. Hoffmann [d] que tout tremblement de terre fuppofe toûjours & par-tout une inflammation intérieure. Une fermentation peut fuffire, en bien des cas, & toutes les explications en de-viennent plus faciles.

Les trem-blemens ne fuppo-fent pas toûjours une inflam-mation.

C'EST

[b] Cet Auteur anonyme, ou pfeudonyme, a donné plufieurs autres mémoires fur l'Hiftoire Na-turelle & la Phyfique.

[c] Novembre 1756. p. 347. & fuiv. L'Auteur promet un autre Mémoire, que je n'ai point en-core vu.

[d] Obfervations phyfiques & chimiques.

C'est à l'air, renfermé dans la poudre à canon, & dans les poudres fulmi-nantes, à cet air subitement raréfié, ou dilaté par le feu, qu'il faut attribuer une partie des effets; explosion, effort, éclat. Voici un fait rapporté par M. HOFFMANN, copié par l'Auteur du Mémoire, que je viens de citer, & que je transcris, comme servant à donner une image des effets de la foudre & des tremblemens de terre [e]. C'est un accident extraordinaire arrivé le 7. Novembre 1698 à *Zellerfeld* ville de la *Forêt-Noire*. „ Un Apoticaire, dit-il, „ mit dans une cornuë de verre assez é- „ paisse, du baume de souffre térében- „ tiné, & la plaça sur un feu de sable: „ & après avoir bouché les jointures du „ récipient, il poussa la matière avec un „ feu un peu vif. Aussi-tôt un bruit „ extraordinaire, qui se fit entendre, „ fit croire à ceux qui étoient dans la „ mai-

[e] Observ. phy. & chim. T. II. Obs. 13. & Journal de Verdun, ubi supra p. 350, 351, 352.

„ maifon, qu'il s'étoit élévé un oura-
„ gan qui l'alloit renverfer de fond en
„ comble. Un garçon Apoticaire, qui
„ étoit à piler des drogues dans une
„ cour, pas bien loin de la boutique,
„ fut jetté tout à coup contre la mu-
„ raille. Un autre, qui étoit fur la por-
„ te de la cour, frappé comme d'un
„ coup de foudre, tomba à la renverfe
„ & fans connoiffance. Lofs qu'il eut
„ repris fes fens, il fentit une odeur
„ fétide & fulphureufe; & ayant foup-
„ çonné que cet accident n'avoit été
„ caufé que par la mauvaife manière de
„ traiter le remède, il courut auffi-tôt
„ au laboratoire avec un voifin que le
„ bruit avoit attiré, & il trouva la moi-
„ tié de la cornuë reftée fur la table, &
„ l'autre moitié, à laquelle le cul te-
„ noit, jettée bien loin dans la cour à
„ travers les fenêtres de la cuifine qu'el-
„ le avoit mifes en piéces.

„ Ce ne furent pas les feuls effets que
„ produifit cette explofion; elle brifa
„ encore la porte d'un cellier, & la

„ jet-

,, jetta dans la cour avec des pots &
,, des plats qui étoient dans la cuisi-
,, ne. Elle mit en pièces une autre
,, porte de communication, entre le
,, cellier & le laboratoire, & arracha la
,, serrure qui étoit fort grosse. Le mê-
,, me cellier communiquoit, par un es-
,, calier dérobé, fait en forme de spi-
,, rale, à une chambre d'en-haut, dont
,, elle enfonça la porte, & renversa sur
,, le pavé des tiroirs où étoient des vais-
,, seaux, dans lesquels on mettoit les
,, compositions.

,, Il y avoit dans la même chambre
,, quelques autres vaisseaux, de même
,, espèce, qui furent enlevés du milieu
,, des autres, & jettés sur le pavé, &
,, deux fenêtres furent arrachées & jet-
,, tées dans la cour. La même explo-
,, sion endommagea les fenêtres voisi-
,, nes de la porte, qui donnoit sur la
,, ruë; elle brisa le plancher d'une pe-
,, tite chambre, & renversa la porte a-
,, vec la serrure & les gonds, sans épar-
,, gner les fenêtres, dont elle ne fit

,, néan-

„ néanmoins que caſſer les vitres.

„ Elle enfonça auſſi la porte de la
„ chambre, où l'on gardoit les eaux
„ diſtillées, & une autre porte qui com-
„ muniquoit de cette chambre à celle
„ de la boutique. Les vitres des fenê-
„ tres de la boutique furent auſſi caſ-
„ fées, & leurs chaſſis ébranlés, mais
„ ils ne furent pas enlevés.

„ Les voiſins aſſurerent avoir vû ſor-
„ tir par la cheminée, dans le même
„ inſtant qu'on entendit le bruit, une
„ fumée extrêmement épaiſſe; que le
„ bruit avoit été ſemblable à celui du
„ canon, qu'on l'avoit entendu (de tous
„ les quartiers de la Ville, & que preſ-
„ que toutes les maiſons avoient été é-
„ branlées, comme par un tremblement
„ de terre.

„ Cet accident étonnant, continuë
„ M. Hoffmann, dont j'ai été témoin
„ moi-même, fait voir quelle eſt la na-
„ ture & la force de l'éclair & du ton-
„ nerre: & ſert à nous convaincre en

„ mê-

„ même tems que leurs effets ne vien-
„ nent que de la violente percuſſion de
„ l'air, qui eſt agité avec impétuoſité,
„ & chaſſé de la place qu'il occupe,
„ de ſorte que toute la colonne d'air,
„ qui a un poids conſidérable, produit
„ des effets ſurprenans ſur les corps
„ qu'elle rencontre ”.

La cha-
leur dilate
l'air.

Boyle prouve par nombre d'expériences curieuſes que les particules de froid
condenſent l'air, en s'introduiſant dans
ſes pores, & que les particules de chaleur le dilatent, en s'inſinuant dans les
pores de ce fluide léger. La moindre
chaleur ſuffit pour produire une prompte dilatation. Une expérience bien aiſée
le prouve. Un papier allumé jetté dans
une cuvette en dilate l'air, en ſorte
qu'il en reſte très-peu.

Meſure de
cette dila-
tation.

On s'eſt efforcé par diverſes expériences de meſurer cette dilatation, & ces
efforts n'ont pas été tout à fait infruc-
tueux. Boyle a mis ſur les voyes & les
Phyſiciens, qui l'ont ſuivi, ſont perve-
nus

nus par diverfes routes à des précifions
fort curieufes. L'air peut fe dilater jufqu'à ce qu'il occupe l'efpace qu'il occu-
peroit s'il n'étoit point comprimé par
l'air environnant, ou par l'atmofphère qui
le preffe. L'air peut, felon M. Mariot-
te (*f*), fe dilater quatre mille fois plus
qu'il ne l'eft autour de la terre, avant
que d'être dans cette expanfion naturelle, qu'il peut avoir au haut de l'atmofphère. M. Boyle (*g*) démontre que
l'air peut être raréfié dans des vafes de verre, jufqu'à devenir dix mille fois plus rare
qu'il ne l'eft ordinairement. M. Desaguliers (*h*) prétend que l'air, en différentes circonftances, s'étend depuis
un jufqu'à trente mille. Newton, dans
fon Traité d'Optique (*i*), prouve, par

le

____

(*f*) Mémoire fur les caufes des tremblemens: *ubi
fupra.*

(*g*) De mira aëris rarefactione. Tom. I. Operum.

(*h*) Cours de Phyfique experim. T. II. p. 127.
Voyez encore Mémoire fur les caufes &c. *ubi fuprà.*

(*i*) Lib. III. Quæft. XXVIII.

le calcul, que l'air à la hauteur de quinze milles d'Angleterre, au-deſſus de la
ſurface de notre globe, eſt 16 fois plus
rare que ſur cette ſurface même; & qu'à
76 milles il eſt environ un million de fois
plus rare. L'air rendu auſſi chaud que
l'eau bouillante ſe dilate avec une force
qui eſt au poids de tout l'atmoſphère,
comme 10 à 33 & même comme 10 à
35. C'eſt le réſultat d'une expérience
imaginée par Mr. AMONTONS, & vérifiée par M. MUSSCHENBROEK (k). A
quelle dilatation ne peut donc pas parvenir l'air ſouterrain échauffé? quels efforts
ne doit-il pas en réſulter?

Effets de
la denſité
de l'air
ſouter-
rain.

Nous avons déja eu occaſion de remarquer que la dilatabilité de l'air, ſon
effort, ou ſon reſſort, croît en raiſon de
ſa denſité. L'expérience de l'arquebuſe
à vent eſt eonnuë. L'air refoulé & réſſerré
acquiert une force capable de pouſſer une
bale, qui perce une planche. BORELLI obſerve que l'eſpace que cet air occupe eſt
à celui qu'occupe l'air ordinaire comme
un

(k) Eſſai de Phyſique, T. II. Chap. III.

on à deux mille. Les Mineurs nous apprennent que l'air eſt ſi denſe dans les
mines qu'il perd ſa proportion avec les
organes de notre corps. M. Mariot-
te a fait diverſes obſervations ſur la
denſité de l'air des caves de l'Obſerva-
toire de Paris. Toutes choſes d'ailleurs
égales, l'air ſous terre, dans les cavernes & les grottes, doit être d'autant plus
denſe que ces cavités ſont plus profondes & communiquent moins avec l'air
extérieur. Il devient auſſi plus rare à
meſure qu'on s'élève ſur les montagnes,
où il peut même être ſi rare qu'on a de
la peine à y reſpirer [l]. L'air étant
donc plus denſe, plus comprimé, ſous
la terre, les effets d'une efferveſcence
& d'une inflammation doivent y être plus
promts & plus violents. La dilatation
doit avoir plus de force. L'élaſticité
doit ſe déveloper avec plus de véhémence. L'exploſion doit être plus écla-
tan-

[l] Theol. phyſ. de Derham. Liv. I. Ch. l.
Art. 11, p. 6. & ſuiv. dans les nottes.

tante. Suppofant donc des matières enflammées, ou en effervefcence, à une
grande profondeur fous terre, quels é-
tranges effets ne doivent-elles pas produire par le moyen de cet air dilaté à
raifon de fa condenfation! Si l'on y fait
attention, on ne fera plus furpris des
fuites extraordinaires des tremblemens
de terre. Augmentez, dans cette proportion à la denfité, les effets des poudres fulminantes, des matières détonnantes, ou feulement de la poudre à
canon, & vous concevrez fans peine les
plus grandes commotions & les bouleverfemens les plus étendus. Suppofant
cet air dilaté en raifon directe de fa denfité, & l'efpace qu'il occupe en raifon
inverfe du poids qui le comprime, fon
élafticité fera comme fa denfité [m].
Les efforts & les effets qui en doivent
réfulter font inconcevables, puisqu'ils
doi-

[m] Phyf. Elem. Math. 'sGravensande. T. II.
Lib. IV. C. II.

doivent encore être proportionnés à toute la maſſe de l'air dilaté.

THALES le Miléſien, qui a fait de l'eau le principe de toutes choſes, a bien pu attribuer au mouvement de l'eau les tremblemens de terre. Il ſuppoſoit que la terre ſe mouvoit ſur les eaux-mê-mes, comme un vaiſſeau ſoûtenu & a-gité par les flots [n]. Je ne ſai ſi on a bien pris la penſée de ce Philoſophe. Elle eſt inſoutenable, peu digne de la reputation d'un auſſi grand Aſtronome, qui doit avoir prédit le prémier une écclipſe [o]. Cela poſé, il ſeroit moins étonnant de ſentir la terre ſe mou-voir que de la voir ſubſiſter [p]. Sé-NEQUE conſidère l'eau comme un agent, comme un moyen, qui contribuë à di-vers

Si l'eau contribuë aux trem-blemens. Opinion des An-ciens.

[n] SENEC. Quæſt. nat. Lib. VI. C. VI.

[o] PLIN. Hiſt. nat. Lib. II. C. XII. & Lib. XXVI. C. XII.

[p] Terram agitari non miraremur ſed mane-re. SENEC. ibidem.

vers tremblemens [*q*]. Il croit que les é-
tangs, les réfervoirs, les mers, les fleuves,
les torrens fouterrains, en roulant leurs
eaux, peuvent diverfement ébranler la terre. Sa phyfique eft très-fondée à cet égard,
mais elle n'eft pas complette. Il ne
faifit que quelques circonftances, peut-
être les moins ordinaires. Il faut quelque chofe de plus actif, de plus violent, pour concevoir, ou expliquer,
les tremblemens de terre. DÉMOCRITE,
au rapport de PLUTARQUE [*r*], attribuoit les tremblemens aux eaux de la
pluye, qui, fe précipitant dans des cavernes fouterraines, qui déja régorgent
d'eau, ébranlent la terre par le reflux,
auquel elles donnent lieu. Il eft encore
aifé de s'appercevoir de l'infuffifance de
pareilles explications.

Des eaux intérieu-res.

IL eft inconteftable qu'il y a de grands
amas d'eau fous terre; des réfervoirs
d'eaux

[*q*] Ibid. C. VII & VIII.

[*r*] PLUTAR. de placitis Philof. Lib. III. C. XV.

d'eaux, qui font tranquilles, & des courrans d'eaux, qui circulent. Toutes les fources, qui fortent de la terre, décélent celles qui font au dedans. Bien des faits, raffemblés par divers Auteurs, établiffent l'exiftence des eaux foûterraines [s]. Dilatées, pouffées, accumulées, enflées, arrêtées, dans leur cours, par quelque obftacle accidentel, elles peuvent, il eft vrai, en certain cas, pouffer la furface de la terre & l'ébranler. Des torrens intérieurs, groffis par quelque circonftance particuliere, rencontrant un obftacle, peuvent dans leur cours impétueux pouffer les pàrois des canaux & ébranler la terre. Il eft affez remarquable que les tremblemens arrivent fouvent pendant, ou après des féchereffes, c'eft-à-dire lorsque l'at-

mos-

[s] Voyez plufieurs de ces faits dans Vᴀʀᴇɴɪᴜs; dans Kɪʀᴄʜᴇʀ; dans Fᴀʙʀɪᴄɪᴜs; dans la Structure intericure de la terre; dans l'Ufage des montagnes; dans Rᴀᴍᴀᴢᴢɪɴɪ, des puits de Modène; dans *M.* ᴅᴇ Bᴜꜰꜰᴏɴ &c. &c. &c. Sᴇɴᴇꝺᴜᴇ Q. N. Lib VI. Cap. VII. & VIII.

moſphère, étant le moins chargé d'eau, la terre doit en être le plus remplie; mais à une plus grande profondeur, au deſſous de cette croute, qui eſt percée pour donner paſſage aux ſources. L'Interieur de la terre, étant ébranlé, par la dilatation d'un air échauffé, ou enflammé, cette commotion ne peut-elle pas auſſi communiquer à quelque grand réſervoir d'eau un mouvement d'ondulation, dont la maſſe, le poids & la force du choc ſeront capables d'ébranler à leur tour de grands terreins? Souvent on a éprouvé, dans les tremblemens, un mouvement d'ondulation, qui reſſembloit exactement à celui des eaux. Au milieu des ſecouſſes tumultueuſes de *Lisbonne* on y a reſſenti de ces mouvemens ondulatoires, dans le cours de 1755 & de 1756. Tantôt ils reſſembloient au balancement d'une litiere, quelquefois à ceux d'un bateau, d'une voiture ſuſpenduë, qui roule; toujours ils avoient quelque choſe d'alternatif & de régulier. On en a ſouvent éprouvé de pareil à *Lima.*

Puis

Puisque nous nous sommes engagés à alléguer toutes les caufes probables & poffibles des tremblemens de terre, o- mettrons - nous celle que femble nous préfenter le mouvement de rotation de la terre, combinée avec la mobilité des eaux de ʃ fon fein ? Notre globe peut être envifagé comme un vafe folide, rempli de canaux & de cavernes', plei- nes d'eau. Ce vafe a deux mouvemens oppofés ; l'un autour du foleil eft an- nuel ; l'autre autour de fon axe eft diur- ne. Suppofons que dans un inftant un de ces mouvemens foit accéléré & dans l'autre retardé, de façon que la com- penfation du retard à l'accélération faffe la même fomme de mouvement & par conféquent le même cours ; les eaux, qui font dans le fein de la terre, ne pou- vant fur le champ changer leur mouve- ment & fuivre celui du vafe, qui les contient, doivent acquérir quelque mou- vement d'ondulation ; qui, venant à frap- per les voutes des cavernes, doit ébran- ler la terre & par les canaux fouterrains communiquer ce mouvement fort loin.

GA-

Conjectu- res fur le mouve- ment des eaux.

Galilée avoit imaginé quelque chose de pareil pour expliquer le flux & le reflux de la mer; mais son explication ne peut s'arranger avec un mouvement régulier & périodique tel qu'en celui-là. D'ailleurs les eaux extérieures sont libres & ne doivent frapper que l'atmosphère & glisser sur les terres, qu'elles ne sauroient ébranler. Les eaux intérieures au contraire, qui sont contenuës, peuvent ébranler ce qui les contient. Les tremblemens, où l'on apperçoit une ondulation, seront donc expliqués par ce moyen. Il en est, dont les ondulations vont de l'Orient à l'Occident, ou de l'Occident à l'Orient. Et si ces secousses n'ont pas toujours cette direction, c'est que les parois des cavernes & des canaux, gênant & réfléchissant diversement ces eaux agitées, il en naît un mouvement composé, qui ne peut plus avoir la même direction. Combien de causes différentes peuvent accélérer ou retarder le mouvement de la terre! Peut-être cette variété dans la marche du globe est-el-

elle néceſſaire pour agiter l'air, les eaux & la terre.

Sı nous conſidérons les diverſes ex- périences, que nous avons rapportées, nous nous appercevrons que l'eau eſt un des moyens qui entre dans la plupart des effervefcences. M. LEMERY [t], NEWTON [u], MUSSCHENBROEK [x], dans leur mêlange, qui fermentoit & s'enflammoit, y mettoient de l'eau. Il la faut dans une certaine proportion. L'amalgame feroit noyé ſi on y en faiſoit trop entrer. Il feroit ſans activité, s'il n'y en entroit pas aſſez. Qu'on pile les matières, dont on compoſe la poudre à canon; trop féches, elles s'enflamment; il faut les tenir humeótées à un certain point. Ces matières pyriteuſes, qui font ſi propres à concevoir de la fermentation,

L'eau contribuë à la plupart des effervefcences.

[t] Mémoir. de l'Acad. R. A. 1700. Chimie de LEMERY, &c.

(u) Optiq. Lib. III. Quæſt. XXXI.

(x) Eſſai de Phyſique, Tom. I. art. 880.

tion, doivent donc être mises en action par une certaine quantité d'eau. Cette eau ouvre les pores de ces corps fulphureux & nitreux, diſſout les ſels, dégage les parties ignées, met en mouvement ces principes d'activité & de chaleur. De-là naît une efferveſcence & ſi, comme dans les mortiers, où on pile de la poudre trop ſéche, quelque circonſtance donne lieu à une inflammation, la matière prend feu ſubitement.

Les lieux maritimes plus expoſés aux tremblemens. On a déja remarqué que les lieux maritimes étoient plus expoſés aux tremblemens. Telles ſont les côtes de l'*Italie*; telles les cotes de l'*Amérique-méridionale* [y]. Ne rendons pas cette obſervation trop générale; parce qu'on pourroit la dementir par bien des faits. Il eſt certain du moins que la plû-

[y] *Maritima maxime quatiuntur: nec montoſa iſtali malo carent. Exploratum eſt mihi Alpes, Apenninumque ſæpius tremuiſſe.* C. Plin. *Hiſt. Nat.* Lib. II. Cap. LXXX. Voyez auſſi Aristote, *Meteorol.* Lib. II. Cap. VIII. Voyez encore Journal de Verdun, Nov. 1756. p. 354.

plûpart des Volcans ne fe trouvent guè-
re que fur des montagnes voifines des
mers [z], & le plus grand nombre dans
des Ifles. Près de *Guatimala* en Amérique, il eft deux montagnes, dont l'u-
ne pouffe du feu & l'autre fournit une
quantité d'eau étonnante. On appelle
celle - ci *Volcan d'eau*, à caufe de tant de
fources & de ruiffeaux, qu'elle pouffe
au déhors. On ne nomme que deux volcans, qui foient éloignés des mers; l'un
eft en *Mifnie*, l'autre fur le mont *Apennin*, tous les deux peu confidérables. Si
quelques montagnes font fujettes aux
tremblemens, on en voit fortir beaucoup de fources & pour l'ordinaire des
fources minérales, fouvent chaudes. Les
eaux font donc néceffaires pour detrem-
per les matières effervefcibles, qui fans
cela demeureroient dans l'inertie.

Les eaux contribuent peut-être encore aux tremblemens par une raifon très-
in-

Les eaux peuvent augmen- ter l'é- lafticité de l'air.

(z) Voyez dans le Dict. Geog. de LA Marti-
niere l'enumeration des Volcans.

ingénieuse, que l'Auteur du Mémoire fur les tremblemens de terre allégue [a]. L'eau ne peut être comprimée; on l'a prouvé par diverses expériences [b]. Elle doit donc s'oppofer par fon poids & par l'ineptitude qu'elle a à être comprimée à la dilatation de l'air intérieur, échauffé & mis en mouvement. La force de l'air dilaté par la chaleur croît en raifon de la réfiftance qu'on lui oppofe. Ainfi l'activité du feu ou de l'effervef-cence doit augmenter fous terre par cette raifon. Par-là même les lieux moins abondans en eau doivent éprouver des tremblemens de terre moins violens & moins fréquens, toutes chofes d'ailleurs égales. Si des matières minérales fer-mentent ou s'enflamment fans trouver de réfiftance de la part de ces maffes d'eau, l'air dilaté s'ouvre plus aifément un paf-fage, s'exhale en vapeurs, fans caufer

de

[a] Journal Hift. fur les matieres du tems, Nov. 1756. p. 355.

[b] DESAGULIERS Cours de Phyfique, pag. 439.

de grands bouleverſemens. Ces exhalaiſons ſublimées dans l'atmoſphère y
produiſent les météores ignées. Aux
pieds des montagnes il eſt pour l'ordinaire plus de reſervoirs d'eau que dans
les plaines. Par cette raiſon encore les
Volcans ſont plus ordinairement ſur les
montagnes, & plus !rarement les païs
de plaine ſont-ils fortement ébranlés [c].

Non ſeulement les eaux peuvent augmenter l'élaſticité de l'air par leur réſiſtance, mais réduites en vapeurs, elles
ont encore plus d'activité que l'air, &
peuvent produire de plus grands effets.
Les efferveſcences, ou les inflammations
intérieures, font, ſans contredit, élever des vapeurs aqueuſes, auſſi bien que

des

Force de l'eau reduite en vapeurs.

[c] Voyez pluſieurs de ces ſuppoſitions confir-
mées, & éclaircies par des faits dans VARENIUS;
dans KIRCHER; dans FABRICIUS; dans la Structure intérieure de la terre; dans l'Uſage des Montagnes; dans RAMAZZINI, des puits de Modène;
dans Mr. de BUFFON.

P 2

des exhalaisons pyriteuses, ou sulphu‑
reuses. Ces vapeurs aqueuses ont une
dilatabilité [d] qui surpasse de beau‑
coup celle de l'air ou celle de l'eau.
L'eau ne se dilate que d'une seizième,
depuis le moment où elle cesse d'être
glace, jusqu'à celui où elle commence à
bouillir. Pour augmenter de deux tiers
le volume de l'air, il faut déja une cha‑
leur capable d'amollir le verre. Avec
une chaleur bien moindre l'eau réduite
en vapeurs prend un volume 13 ou
14,000 fois plus grand. Quand la va‑
peur, ainsi échauffée, n'a pas de l'espa‑
ce pour s'étendre librement, elle fait
effort contre tout ce qui lui résiste, &
elle est capable des plus grands effets.
Ainsi, lorsque le moule d'un fondeur de
cloche n'est pas bien séché, la vapeur
de l'eau, échauffée par le métal ardent,
qu'on y fait couler, fait crever ce mou‑
le

[d] M. Nollet, Leçons de Physi. exp. Tom. IV.
XIIe. Leçon, Sect. II. de l'eau considérée comme
vapeur p. 71 & suiv. Amst. 1749.

le avec éclat & fauter en l'air les formes & toute la charge qui eft deffus.
La force de la poudre peut bien venir
en partie de l'élafticité de l'air renfermé
dans & entre les grains; mais elle vient
auffi de la dilatabilité des matières qui
la compofent. C'eft ce qu'on peut prouver par les poudres fulminantes. Ces
petites ampoules, ou ces larmes de
Hollande, qu'on fait fauter, en les jettant au feu, font plus d'éclat fi l'on
joint à la bulle d'air qu'elles contien-
nent, une petite goutte d'eau. Les œufs
de poiffons, les marons, & tant d'autres
chofes, qui déviennent fur le feu autant
de pétards, prouvent l'effort des vapeurs
dilatées par la chaleur. On a mis en
œuvre cette puiffance fingulière des vapeurs pour faire mouvoir toutes fortes
de machines. C'eft à M. Papin, Profeffeur en Mathématiques à *Marpourg*,
fur la fin du fiècle paffé, qu'on eft rede-
vable de cette idée, qui a été mife en
pratique pour diverfes machines utiles.
Les Anglois ont d'abord employé ces

P 3

pom-

pompes à feu, ou par le moyen de la
vapeur dans leurs mines de charbon,&
on en continuë l'ufage. Ils en ont enfuite établi une à *Londres*, pour diftri-
buer les eaux de la *Tamife*, mais on a
été ôbligé de les abandonner, parce que
cette machine dépenfe trop de feu &
fait trop de fumée pour une ville. C'eft
par le moyen d'une pareille machine
qu'on defféche les mines de *Condé*, en
Flandres. M. BELIDOR en a donné une
defcription, dans fon Architecture hy-
draulique. Le jeu affez connu de l'Eolipile, qui fait monter l'eau, par le
moyen de la chaleur, fouvent à plus de
25 pieds, nous fait encore connoître
les efforts furprenans des vapeurs échauffées & dilatées. Il eft encore bien remarquable que ces vapeurs d'eau font fufceptibles, quand elles font renfermées,
d'un dégré de chaleur exceffif, qu'on n'a
pas encore pu mefurer exactement, à
caufe des dangers, auxquels on s'expo-
fe en faifant ces expériences. On fait
deja que dans la marmite de PAPIN elles

les deviennent affez chaudes, pour fondre l'étain & le plomb, ce qui a fait dire à d'habiles Phyſiciens [e], que l'eau, en vapeur, feroit, peut-être, capable de devenir auffi ardente que le cuivre ou le fer fondu. De tous ces faits & de toutes ces réflexions concluons que les vapeurs, élevées dans le fein de la terre, par des effervefcences, ou des inflammations intérieures, arrêtées par les parois des voutes, & des canaux foûterrains, rendues plus chaudes, parce qu'elles font enfermées, peuvent être un des plus puiffans agens dans les tremblemens de terre. On n'a point encore affez fait d'attention à cette caufe ni à fa puiffance prodigieufe.

M. l'Abbé Nollet fait fur ce fujet une réflexion, que nous tranfcrirons d'autant plus volontiers, qu'elle eft prefque l'abrégé de tout ce que nous venons de dire du concours de l'action du feu,

de

Idée de M. Nollet.

[e] Boerhaave *Elem. Chim.* P. II. p. 327. Musschenbroek, Effai de Phyfique p. 434.

P 4

de l'air & de l'eau dans les tremblemens
de terre. „ Les éruptions des volcans
„ font si terribles, les forces, qui re-
„ muent ainsi les entrailles de la terre
„ font si fort au - deffus des mouvemens
„ ordinaires, dont nous connoiffons l'o-
„ rigine, que ces prodigieux effets nous
„ paroiffent toujours plus grands que
„ les caufes phyfiques, auxquelles nous
„ les attribuons. Cette difproportion
„ apparente, qui ôte toujours aux con-
„ jectures les plus raifonnables une gran-
„ de partie de leur vraifemblance, ne
„ viendroit - elle pas de ce que nous
„ n'envifageons ces caufes que par par-
„ ties, lorfqu'il s'agit d'expliquer un
„ effet, qui eft le produit de plufieurs
„ enfemble ? Les matières calcinées &
„ les flammes, que vomiffent ces grands
„ fourneaux, annoncent vifiblement des
„ fermentations & des effervefcences;
„ un embrafement fouterrain. M. AMON-
„ TONS a prouvé d'ailleurs que la force
„ élaftique de l'air, dilaté par la cha-
„ leur, eft d'autant plus grande que ce
„ fui-

,, fluide eſt plus comprimé. Dans ces
,, bouleverſemens, qui arrivent à cer-
,, taines parties de notre Globe, ne
,, conſidérons pas ſeulement une fer-
,, mentation, qui prend feu & qui fait
,, bouillir, pour ainſi dire, les matières
,, ſulfureuſes & ſalines qui ſe ſont mê-
,, lées; mais encore des volumes d'air,
,, chargés d'une maſſe énorme, & qui
,, tendent à ſe dilater, avec d'autant
,, plus de force, qu'ils ſont retenus. A
,, ces deux premières cauſes joignons-
,, en une troiſième, qui eſt encore plus
,, puiſſante; c'eſt la dilatation des va-
,, peurs, non ſeulement des matières
,, inflammables, mais encore de l'eau,
,, qui peut ſe rencontrer dans le voiſina-
,, ge, & qui détermine peut-être, par
,, des écoulemens accidentels, ces é-
,, ruptions qui arrivent de tems en
,, tems. Ce n'eſt qu'en conſidérant ainſi
,, le concours de pluſieurs cauſes con-
,, nuës & en embraſſant même la poſſi-
,, bilité de pluſieurs autres, qui ne le
,, ſont point encore, qu'on peut ôter à

P 5

,, ces

„ ces grands effets l'idée de prodige,
„ par laquelle ils s'annoncent depuis
„ long-tems (*f*). |

Chutes de
quelques
masses
dans l'in-
térieur de
la terre.

Anaximene est tombé dans le défaut, dont M. Nollet vient de parler. Il s'arrête à une cause particulière, pour expliquer tous les effets, & à une cause très-foible pour expliquer de très-grands effets. Il crut que des cavernes, enfon-cées, ou des chûtes intérieures de ro-chers, soit par vetusté, soit par les eaux, soit par des feux ou d'autres cir-constances, pouvoient ébranler la terre par leur poids & faire éprouver à ses habitans ces secousses effrayantes qu'ils aperçoivent si diversement. Senéque développe fort bien cette opinion [g]

&

(*f*) Ubi supra.

[g] Sen. Q. N Lib. VI. C. X. *Anaximenes ait, terram ipsam sibi esse causam motus, nec ex-trinsecus incurrere quod illam impellat; sed intra ipsam & ex ipsa quasdam partes ejus decidere, quas aut humor solverit, aut ignis exederit, aut spiri-tus violentia excusserit. Sed his quoque cessantibus,*
non

& en lui donnant de la probabilité, semble en adopter les suppofitions. Nous ne nions pas que ce ne puiffe être la caufe de quelques tremblemens particuliers ou de quelques tremouffemens dans les grands tremblemens: mais quelle proportion entre cette force & ces grands effets, qu'on cherche à expliquer? Qui a fréquenté l'intérieur de la terre a pu appercevoir, de toutes parts, des vefti-
ges

non deeffe, propter quod aliquid abfcedat aut revellatur. Nam primum omnia vetuftate labuntur, nec quidquam tutum a feneEtute eft. Hæc folida quoque & magni roboris carpit. Itaque quemadmodum in ædificiis veteribus quædam non percuffa tamen decidunt, cum plus ponderis habuere quam virium: ita in hoc univerfo terræ corpore evenit, ut partes ejus vetuftate folvantur, folutæ cadant, & tremorem fuperioribus afferant: primum dum abfcedunt (nihil enim utique magnum fine motu ejus, cui hæfit, abfcinditur) deinde cum deciderunt, folido excepta refiliant, pilæ more; quæ, cum cecidit, exultat, ac fæpius pellitur, totiens a folo in novum impetum miffa. Si vero in ftagnantibus aquis delata funt, hic ipfe cafus vicina concutit fluEtu, quem fubitum vaftumque illifum ex alto pondus ejicit.

ges de ces ruines, ou de ces chûtes. Dans presque toutes les cavernes, où je suis entré, j'ai vu d'énormes rochers, qui étoient tombés des voutes & qui occupoient le fonds. On en peut voir dans les cavernes de *Valorbe* & de *Vuittebœuf* au *Païs-de-Vaud*, dans celles de *Boudri* & de la *Côte-aux-Fées*, au Comté de *Neufchâtel*. Mais de pareilles chûtes n'auront pas causé un fort grand ebranlement au terrein qui environnoit. PLINE parle de catastrophes plus terribles [*b*]. LUCRECE n'hésite point de mettre ces bouleversemens au nombre des principales causes des ébranlemens de la terre [*i*]. Mais n'est-ce point, dans la plûpart des cas, confondre la cause avec

[*b*] H. N. Lib. II. C. XCI. & seq.

[*i*] *De rer. nat. Lib. VI. vs. 542-555.*
His igitur rebus subjunctis, suppositisque,
Terra superne tremit magnis concussa ruinis
Subter, ubi ingenteis speluncas subruit ætas:
Quippe cadunt toti montes, magnoque repente
Concussu late differpunt inde tremores:
Et meritò, quoniam plaustris concussa tremiscunt
Tecta viam propter non magno pondere tota.

Neo

vec l'effet? Ce font les tremblemens, qui, pour l'ordinaire, donnent lieu à ces fubverfions intérieures, comme aux extérieures. Ces fecouffes font donc la caufe de quelques-unes des ces ruines, qu'on voit par-tout, dans l'intérieur de la terre. Je dis de quelques unes, car il en eft qui ne peuvent-pas venir de-là & qui femblent devoir leur origine à des inondations. Il en eft peut-être qui font auffi anciennes que le Globe. Peut-être cette terre, exiftant fous la forme où nous la voyons, a-t-elle été bâtie fur les ruines d'un monde antecedent. Le cahos primitif aura été les décombres du monde détruit: & dans le nouveau monde formé fe trouvent par conféquent toutes les ruines de l'ancien.

SEP-

Nec minus exultant † quam ubi fortis equûm vis
Ferratos utrimque rotarum fuccutit orbeis.
Fit quoque, ubi magnas in aquæ, vaftasque la-
cunas
Gleba vetuftate e terra provolvitur ingens,
Et jaëtetur aquæ fluëtu quoque terra vacillans,
Et vas in terrâ non quit conftare nifi humor
Deftitit in dubio fluëtu jaëtarier intus.
  † Ubi currus fortis

SEPTIEME MEMOIRE.

LES DIVERS PHÉNOMENES DES TREM-BLEMENS DE TERRE.

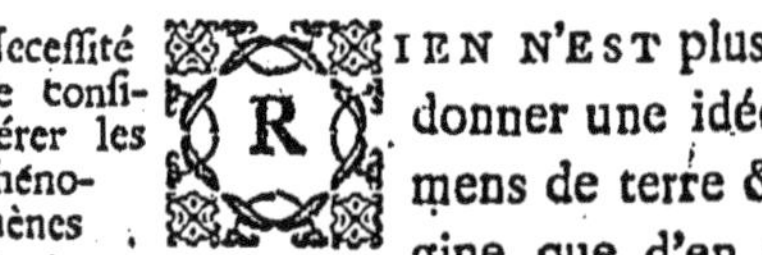

Neceffité de confi-dérer les phéno-mènes des trem-blemens.

RIEN N'EST plus propre à nous donner une idée des tremble-mens de terre & de leur ori-gine que d'en raffembler les divers phénomènes, de les confidérer féparement, pour en comparer enfuite les rapports. C'eft de cette diftribution des phénomènes que nous verrons fortir avec facilité leur explication. On fen-tira comment le feu & la chaleur, l'eau & les vapeurs, l'air & fon reffort peu-vent diverfement concourrir à cette va-riété d'effets. Ce fera ici la pierre de touche du fyftème. Si nous avions des defcriptions phyfiques plus détaillées de ces tremblemens défaftreux, nous au-
rions

rions une idée plus précise de tous ces
phénomènes & par-là des procédés de
la nature. Mais dans un péril si émi-
nent on n'a guères, ni le tems, ni la
faculté d'obferver avec exactitude.

Il paroît d'abord qu'on peut confidérer les tremblemens de terre fous trois
points de vuë, ou avec trois fortes de
mouvement, fouvent réünis, quelquefois féparés, & plus ou moins diftincts,
felon les tems, les lieux, & les autres
circonftances.

Quelquefois c'eft un mouvement
d'ofcillation, un balancement alternatif, une commotion d'allée & de venuë, une agitation horizontale. On
croit fentir les mouvemens qu'on éprouve dans un vaiffeau, que la mer fait va-
ciller, ou qu'elle balotte à droit & à
gauche [k]. Quelquefois c'eft comme

le

[k] Voici comment Pline le Jeune décrit ce
mouvement, Lib. VI. Epift. XVI. *Crebris, vaftif-
que tumoribus tecta nutabant, & quafi emota fedi-
bus fuis, nunc huc, nunc illuc abire, aut referri
videbantur.*

le mouvement d'un caroffe , qui balan-
ce par le moyen de fes refforts. C'eft
ainfi qu'on a éprouvé des fécouffes à
Lima [*l*]. Ainfi a-t-on fenti à plufieurs
fois les agitations à *Lisbonne*, au 1. No.
vembre & pendant près d'une année. Nous
avons ainfi été balancé à Berne, le 10.
Decembre 1755. Le mouvement des
eaux a manifeftement du rapport avec
ces fécouffes [*m*]. Les Vaiffeaux, en
mer, à 150 lieues des côtes d'Efpagne,
dans le même tems , éprouvèrent des
balancemens pareils à ceux qu'on reffen-
toit fur terre à *Lisbonne* & à *Cadix*. N'a-
vons-nous donc pas quelque droit de
conclurre que ces balancemens peuvent

être

[*l*] Voyez Voyages de l'Amérique par Don
George Juan & Don Antoine de Ulloa. T.
I. Part. II. Liv. I. Ch. VII. p. 464. & fuiv. Paris
1752. 4.

[*m*] Lucr. de Rerum Nat. Lib. VI. vf. 553-555.
Ut jactetur aquæ fluctu quoque terra vacillans,
Ut vas in terrâ non quit cônftare , nifi hunnor
Deftitit in dubio fluctu jactarier intus.

être l'effet de l'ondulation des eaux intérieures, mifes en mouvement par une preffion ou une fecouffe forte, qui a précedé? Si ces fecouffes horizontales font étenduës, précipitées, brufques, inégales, le bouleverfement eft certain (n). Il eft plus ou moins grand, dans la proportion de la violence & de l'étenduë des fécouffes. Ici la direction, la nature du fol, l'efpèce des bâtimens fait varier les effets. Il eft des païs, où l'on bâtit de bois, pour éviter les fuites de ces ébranlemens. En général dans les lieux, expofés à ces fléaux, on ne doit pas élever les maifons à plufieurs étages, ni avoir des foûterrains profonds, ni donner beaucoup de fondemens aux bâtimens. On a eu cette attention à *Peckin*, capitale de la *Chine*, en rétabliffant la partie, qui fut

ren-

(n) Lucret. ubi fuprà vf. 560-563.
Tum, fuper terram quæ funt exftructa domorum,
Ad coelumque magis quantò funt edita quæque,
Inclinata minent in eandem prodita partem,
Protractæque trabes impendent ire paratæ.

Q

renversée en 1731 par un tremblement
de terre. *Meaco*, dans le *Japon*, avoit
été détruite l'année précédente. Tous
les bâtimens y font auffi de bois, à caufe de la fréquence des tremblemens. Le
palais même du *Dairo*, ou Grand Prê-
tre, n'eft que de bois, quoique couvert de lames d'or. Par la même raifon
les maifons de la ville *Nangozachi*, où
les Hollandois entrepofent leurs mar-
chandifes, font fort baffes. Si ces balancemens font lents, foibles, peu étendus, réguliers, les effets n'en font jamais
funeftes.

2. Mouve-
ment de
pulfation.

On éprouve une autre efpèce de mouvement, dont les effets font toujours
très-dangereux. C'eft un mouvement
d'élévation, ou de foulévement, qui
quelque-fois eft fuivi d'un mouvement
contraire d'abaiffement. C'eft ainfi que
font foulevés les Ifles du fond des mers.
Ainfi fe forment quelques montagnes [o].
Cet-

---

[o] Anton-Lazaro Moro prétend que toutes
les montagnes fe font formées ainfi. C'eft aller
trop

Cette agitation eſt aſſez ſemblable à celle du pouls. Ce mouvement eſt vertical. La terre, ſoulevée immédiatement
par dés vapeurs dilatées, s'entrouvre,
& elle retombe quelquefois. Pour peu
que ce ſoulévement ſoit violent la ruine
ſuit auſſitôt. C'eſt de la ſorte que des
terreins s'abaiſſent & s'enfoncent. Don
Ulloa témoigne qu'il a obſervé dans la
Province de *Quito* un terrein aſſez éten-
du, qui s'étoit enfoncé par un tremblement de terre, d'environ une aune.
Cet enfoncement n'étoit cependant pas
uniforme, il y avoit des inégalités &
des crevaſſes [p]. De-là ſe forment des
lacs, des marais, des étangs. Ainſi ſe
crevaſſe la terre, comme on l'apperçoit
en divers lieux. C'eſt-là l'origine de
pluſieurs de ces fiſſures perpendiculai-
res,

trop loin. *Dè' Croſtatei e degli altri marini corpi*
the ſi truovan ſu' Monti Libri due. Venetia 4.
1740. Voyez Uſages des montagnes Ch. XV. &
Structure inter. de la terre. 2 Mémoir.

[p] *Ubi ſupra*, p. 471, 472.

res, qui reçoivent les pluyes, qui donnent paſſage aux ſources, & qui ſont ſi néceſſaires pour les productions de l'intérieur & de l'extérieur de la terre, comme WOODWARD l'a déja fait obſerver autrefois. On remarqua en 1692 au *Port-Royal*, dans la *Jamaïque*, que la terre ſautoit, qu'elle ſe fendoit & ſe refermoit ſubitement. A *Lisbonne*, au 1. 9bre 1755, on apperçut de même divers ſoulévemens. Des fentes ou crevaſſes à la terre en furent l'effet néceſſaire. Les vaiſſeaux en mer étoient auſſi ſoulevés avec la maſſe des eaux. Par cette raiſon les eaux élevées ſe répandirent ſur la terre. L'élévation fut de plus de 25 pieds à *Cadix* & de plus de 30 à *Lisbonne*. On comprend que les eaux de la mer doivent s'élever plus haut que les terres, parceque celles-ci cédent, ou s'entrouvrent, au lieu que les eaux ſont ſoulevées en maſſe, parce qu'elles font plus de réſiſtance & ne donnent point d'effort aux vapeurs dilatées, ou aux vapeurs enflammées.

Im-

Immédiatement après le second tremblement de *Lisbonne* la mer se retira, de sorte que l'on vit à sec jusqu'au milieu du *Tage*, qui dans cet endroit a une lieue de largeur & trois à son embouchure dans la mer; embouchure qui est à sept lieuës de la ville. En moins de quatre minutes après il revint une si horrible montagne d'eau, qu'elle s'éleva de trente pieds plus que son lit ordinaire, & transporta les bateaux sur les terres. Elle se retira aussi promtement qu'elle étoit venuë, faisant trois fois la même chose, mais chaque fois avec moins de violence. Ce flux & ce reflux furent si rapides, que les cables furent rompus & les vaisseaux renversés, ou poussés dans les places. Les quais furent pour la plupart culbutés.

Enfin il est une troisième sorte de mouvement, moins régulier que tous ceux-là & qui ne presente que l'idée, ou l'image, d'une explosion. C'est une inflammation subite ; le feu fait agir l'air & les vapeurs. C'est l'effet d'une mine,

Souleve-
ment du
fond de la
Mer à Lis-
bonne.

3. Mouve-
ment
d'Explo-
sion.

mine, qui faute. La quantité de matière enflammée; la nature du terrein
impofé par-deffus; la profondeur de la
mine embrafée; la quantité d'air dilaté
en proportion avec l'efpace; le dégré
d'élafticité, en proportion avec la denfité; les circonftances & la pofition des
eaux, qui environnent, tout cela mefure la force de l'explofion, ou en détermine les effets. Qui pourroit calculer
toutes ces forces? C'eft de tous les
tremblemens le plus funefte. Il allume
les Volcans. Alors la terre eft foulagée. Si l'inflammation fe communique
par-deffous terre, il s'étend au loin.
Si elle prend effort au-dehors, il ne fe
propage pas. Voici comment raifonne
un Obfervateur exact. ,, On fait très-
,, bien aujourd'hui de quelle manière fe
,, forment les Volcans, & qu'ils font
,, caufés par les parties fulphureufes,
,, nitreufes & autres matières combufti-
,, bles, renfermées dans les entrailles
,, de la terre; ces matières s'étant u-
,, nies & formant une efpèce de pâte,
,, pré-

„ préparée par les eaux souterraines,
„ fermentent jusqu'à un certain point,
„ s'enflamment ensuite, & alors le vent,
„ ou l'air, qui remplissoit leurs pores,
„ se dilate, & son volume s'accroît ex-
„ cessivement en comparaison de celui
„ qu'il avoit avant l'inflammation, &
„ produit le même effet que la poudre,
„ qu'on allume dans l'espace étrit d'u-
„ ne mine: avec cette différence pour-
„ tant, que la poudre disparoît aussitôt
„ qu'elle est en feu, au lieu que le Vol-
„ can, étant une fois allumé, ne cesse
„ de l'être qu'après qu'il a consumé tou-
„ tes ces matières huileuses & sulphu-
„ reuses, qu'il contenoit en abondance
„ & qui de plus étoient liées avec sa
„ masse [q].

Ce n'est pas que ces trois sortes de mouvemens soyent toujours séparés & qu'on ne les voye jamais réünis. Ils l'ont été, ce semble, en 1755, à *Lis-bonne*. Il paroît que dans la désolation

Mouve-
mens
réünis.

de

[q] Voyages de Don Ulloa, *ubi supra*, p. 470.

Q 4

de *Lima* en 1746 on auffi obfervé cette funefte réünion de tant de. mouvemens deftruétifs [*r*]. Ce qui avoit échappé à l'un étoit renverfé par l'autre. Dans le tremblement que Gassendi éprouva & obferva à *Aix - la - Chapelle*, en 1617, les mouvemens alternatifs de balance-ment & de pouls avoient lieu [*s*]. On remarqua la même chofe dans le trem-blement qui ravagea le Canada en 1663 [*t*].

Direétion des fé-couffes.

Dans chaque tremblement de terre on a remarqué que les fécouffes ont leur direétion. Dans les divers païs, où le même tremblement fe fait fentir, les fécouffes vont & viennent à peu près de même côté. La direétion fem-ble uniforme, dès que les tems font les mêmes. Si on apperçoit quelque différen-ce dans cette direétion, elle paroit venir

de

[*r*] Hift. des tremb. de terre arrivés à *Lima*. 1752. & Voy. de Don Ulloa.

[*s*] Phyf. Sec. III. Memb. I. Lib. I. Cap. VI.

[*t*] Hift. de l'Açad. Roy. de Paris. an. 1678.

de la poſition des chaines de montagnes
& de la nature du terrein.

MAIS ces balancemens affeſtent-ils
quelques points de l'horizon? La direction eſt-elle toujours la même, dans
le même païs? C'eſt ce qui ne paroît
pas. Dans le tremblement qu'on éprouva à Rome en 1703 le 2 Février, les
vibrations des lampes des Egliſes allè-
rent du Nord au Sud. Les ſecouſſes du
19 de Mars 1750 à Londres étoient de
l'Eſt à l'Oueſt [*u*]. M. de BUFFON parle d'un tremblement reſſenti a *Smirne*,
en 1688, qui ſe fit de l'Oueſt à l'Eſt.
Les balancemens ont été en *Suiſſe* &
ailleurs, le 9 Decembre 1755, entre le
Sud ou Sud-Eſt & le Nord, ou Nord-
Oueſt. Mais on a éprouvé dans les mêmes païs des ſécouſſes dans des directions différentes, ou oppoſées à cel-
les-là.

Il n'y a rien d'u-niforme d'un trem-blement à l'autre dans ces directions

On

(*u*) Réflexions Phyſ. ſur les cauſes des tremblemens de terre, par ETIENNE HALES.

On a remarqué, après le tremblement arrivé à *Smirne*, que les murailles, qui étoient expoſées de l'Eſt à l'Oueſt, furent renverſées; que celles qui étoient Nord & Sud réſiſtèrent aux commotions. Ce qui eſt oppoſé à la direction des ſécouſſes reçoit un choc plus violent: ſur-tout ſi les maſſes ſont iſolées. Un torrent, qui coule le long d'un mur, ne le renverſe pas ſi aiſément; mais s'il le frappe directement, ou de front, il l'abat. Le mouvement, ſe diſtribuant ſucceſſivement dans les parties contiguës, qui réſiſtent, les ſécouſſes ſont plus violentes. Les murs qui croiſent cette direction, partageant l'impreſſion, l'affoibliſſent. On voit ainſi la cauſe pourquoi des perſonnes, dans une même ville, ſouvent dans une même maiſon, apperçoivent les tremblemens ſi différemment, lorſqu'ils ne ſont pas aſſez forts pour rien renverſer. Cela vient de la poſition des murailles des maiſons & des murs de ſéparation des chambres, eu égard à la direction des ſécouſſes. Le Gentil',

dans

dans fes voyages [x] prétend que fi la caverne, où eft le principal foyer de l'inflammation, va du feptentrion au midi, & que la longueur des ruës des villes s'étende dans le même fens, les édifices font renverfés, pour peu que les fécouffes ayent une force fuffifante. Si cette obfervation eft fondée elle pourroit fervir de règle pour rebâtir *Lisbonne*. En général, on devroit faire des remarques plus précifes fur la direction des tremblemens de terre. Elles ferviroient affurément pour la fûreté des villes qui y font fujettes.

Les fécouffes des tremblemens de terre fe fuivent fouvent de fort près, pendant quelques minutes prémières, quelquefois pendant peu de minutes fecondes. Elles reviennent enfuite à diverfes reprifes, lorfque les lieux font voifins d'un foyer originaire. Les retours des fécouffes font de nouvelles effervefcences, qui fe raniment, ou de nouvelles in-

Intervales & retour des fécouffes.

(x) T. I. p. 172.

inflammations, qui s'allument, ou de nouvelles vapeurs, qui s'élévent. On prétend que les fécondes fécouffes font toûjours plus fortes que la prémiè-re (y). C'eft que le feu de la prémière matière, ou l'effervefcence, quoique peu confidérable, fuffit pour hâter la fermentation, ou l'inflammation d'une plus grande quantité. Si c'eft une effervef-cence, une trop grande quantité d'eau, dans l'amalgame fouterrain, arrête la fermentation, en noyant ces matières. Cette eau étant écoulée, diffipée, ou élèvée en vapeurs, l'effervefcence re-commence & avec elle la prémière cau-fe des agitations.

Retours des fecouf-fes à Lis-bonne en 1755.

LE 1. Novembre 1755. les prémières fécouffes commencèrent à *Lisbonne* à 9 heures 36 minutes du matin. Elles fu-rent d'abord très-fortes & très-preffées, pendant près de deux minutes. Durant l'efpace de 3 à 4 minutes les fécouffes di-

(y) Voyages de DON ULLOA, T. I. p. 473.

diminuèrent. Puis elles recommencè-
rent avec plus de force & durèrent 3 à 4
minutes. Il y eut alors un intervalle de
près d'un quart d'heure de repos, pendant
lequel on n'apperçut que quelques légères commotions. Il furvint après ce tems
un troifième tremblement, qui fut moins
violent, que les deux précédens, mais
qui renverfa encore bien des bâtimens
ébranlés. Il fe fit dans ce moment des
fentes à la terre foulevée. D'intervalle
en intervalle il revint des fécouffes plus
légères, pendant tout le jour & le lendemain. Le troifième 9bre les fécouffes
furent encore moindres. Le 6 & le 7.
les fécouffes furent un peu plus violentes. Le 8 à 5 heures du matin il y eut
quelques fécouffes affez fortes pour renverfer encore quelques bâtimens. Il y
eut quelques fécouffes jufqu'au 12. que
la terre fut tranquille. Le vent chan-
gea: de Nord-Nord-Eft, qu'il avoit
été, il tourna au Nord. Le 13. 14. 15.
retour de fécouffes fur le matin. Le 16.
les balancemens revinrent fur les trois
heu-

heures après midi. Les plus violentes commotions, après celles du 1. & du 8. Novembre, ont été le 11. & le 15. Décembre. Le 21. deux fécouffes à la même heure que le 1. Novembre. Le 25. nouvelles fecouffes à deux heures du matin. Mon deffein n'eft pas de pourfuivre ce journal. Ce que j'en ai dit n'eft que pour faire voir qu'on ne fauroit appercevoir des périodes fixes pour les jours. Seulement un retour plus ordinaire dans les heures de la matinée.

Retour des fécouffes à Lima en 1742. Voici comment s'exprime Don Ulloa fur ces intervalles & ces retours à *Lima.* „ En 1742. j'eus la curiofité, dit-
„ il, pendant un certain tems, de mar-
„ quer l'heure des tremblemens de ter-
„ re qu'on y effuya. Voici le réfultat
„ de mes obfervations. I. Le 9. de
„ *Mai* à $9\frac{3}{4}$ du matin. II. Le 19 du
„ même mois vers le minuit. III. Le
„ 27 à 5 heures 35 minutes du foir.
„ IV. Le 12 de *Juin* à $5\frac{3}{4}$ du matin. V.
„ Le 14 d'*Octobre* à 9 heures du foir.
„ Je

„ Je ne pris pas davantage la peine de
„ les marquer” [z].   Il ajoute plus bas.

„ Par le foin que j'ai pris de mar-
„ quer l'heure précife, où fe firent les
„ tremblemens de terre, rapportés ci-
„ deffus, il paroît qu'ils font arrivés
„ indifféremment, ou lorfque la marée
„ étoit au milieu de fon décroiffement,
„ ou lorfqu'elle étoit au milieu de fon
„ regorgement, & jamais à fon flux
„ parfait, ni en fon reflux total ; au-
„ contraire de ce que quelques-uns ont
„ prétendu que les tremblemens de ter-
„ re n'arrivoient que durant les fix heu-
„ res de reflux, ou de baffe-marée &
„ non durant les fix autres heures de
„ flux ou de haute-marée. Cela con-
„ vient au fiftème qu'ils ont imaginé,
„ pour en expliquer les caufes, lequel
„ fiftème, à mon avis, ne s'accorde
„ point affez avec les obfervations,
„ pour qu'on foit obligé d'y foufcri-
„ re [a] ”.

IL

[z] p. 464 & 465.

[a] Voyage de DON ULLOA; ubi fupra; p. 466.

Il ne paroît donc pas qu'il y ait ordinairement de période réglé pour ces retours. Le tremblement du *Canada* de 1663, qui dura avec violence depuis le mois de Janvier à celui de Juillet, puis avec moins de force, pendant le reste de l'année, ne nous offre rien de réglé. Nous ne voyons rien non plus de constant dans les tremblemens de *Lima* & du *Pérou* en 1709 & en 1746. Dans le dernier on conta jusques à deux cent secousses dans les prémières 24 heures, & jusqu'au 24. Février de l'année suivante 1747 on avoit conté 471 reprises, où on n'appercevoit d'autre règle que la fréquence des retours aux heures, où l'air est le plus froid & les plus humide. Il ne seroit pas aisé de saisir quelque période assûré dans les retours des agitations de la terre, en *Portugal*, durant les années 1755 & 1756. Il semble que ce soit plûtôt dans quelques tremblemens particuliers, peu étendus, qu'on apperçoive quelque règle. On a pu le remarquer dans les rélations des tremblemens de la *Suisse*. Ces secousses revienviennent souvent pendant une année entière, quelquefois pendant deux. Aristote l'avoit déja observé [b]. On peut le remarquer dans les tremblemens du Portugal de 1532, de 1755 & dans ceux du *Pérou*. Sans doute qu'ils ne cessent pas que la matière effervescible, ou inflammable, ne soit consumée, ou que quelque circonstance n'en arrête l'effervescence, ou l'inflammation.

La seule règle générale, qu'on puisse donc observer, regarde les saisons & les heures ordinaires des tremblemens de terre. Ils ont lieu au printems & en automne; plus rarement en hiver & en été. Ils arrivent communément le matin & le soir; plus rarement pendant le jour, que durant la nuit. La terre tremble rarement durant les grands froids, ni pendant les grandes chaleurs. Aristote avoit déja fait cette remarque, &

Du tems ordinaire des tremblemens?

après

[b] *Ubi supra.*

après lui Pline [c] & Sénèque [d], &
on l'a verifiée dans tous les tems & dans
tous les païs. Ce que le prémier de ces
Philofophes avance, que les tremblemens
arrivent plus ordinairement avant les
éclipfes de lune, ne paroit pas verifié
par des obfervations fuffifantes [e].

Raifon de
ces épo-
ques des
tremble-
mens.

Sans doute que pendant le jour les
pores de la terre font plus ouverts; les
vapeurs aqueufes & fulphureufes en fortent plus aifément. Il en eft ainfi de
l'été. La terre deffechée eft moins com-
pacte, offre moins de réfiftance, eft plus
fufceptible de dilatation. Le plus grand
froid

[c] *Et autumno ac vere terræ crebrius moven-*
tur.... Item noctu fæpius quam interdiu. Maximi
autem motus exiftunt matutini vefpertinique, fed
propinqua luce crebri', interdiu autem circa meri-
diem. H. N. Lib. II. C. LXXX.

[d] *Quæft. N.* Lib VI. Cap. XL

[e] Pline a copié ici Aristote, fans examen,
comme en plufieurs autres endroits. *Fiunt & folis*
& lunæ defectu, quoniam tunc tempeftates fopiun-
tur. Ibid.

froid de l'hiver arrête peut-être les effervefcences. L'eau ne pénétre pas fi
aifément au travers de cette croute gé-
lée, ou condenfée. Il y a moins d'é-
vaporation de vapeurs fulphureufes & a-
queufes & par là-même moins de circulation. Le retour du printems met tout
en mouvement. Les effervefcences fe
raniment & donnent lieu à des fecouffes. La terre, commençant à fe reffer-
rer en automne, l'humidité s'arrêtant fur
fa furface, ces circonftances favorifent
les agitations intérieures.

Du tems nous paffons aux lieux. Ceux
qui font les plus expofés aux tremblemens, comme nous l'avons déja remarqué [f], ce font ceux où trois circonftances principales fe trouvent reünies:
un terrain caverneux, ou des rochers
pleins de fiffures: beaucoup de pyrites,
ou des matières nitreufes & fulphureufes, dans le fein de la terre: enfin des
eaux ou intérieures, qui fe décélent par
des

Les lieux
les plus
fujets aux
tremble-
mens.

[f] I. Memoire & VII. Memoire.

des sources, pour l'ordinaire minérales; ou extérieures, qui baignent ces lieux-là. Si nous confidérons les contrées de l'*Italie* & de la *Sicile*, les plus expofées aux tremblemens, nous y trouverons tout cela; de même que fur les côtes du *Portugal* & dans les Ifles *Açores:* Telles font encore les côtes de l'*Amérique-méridionale*; fur-tout celles du *Pérou*. Minéraux, eaux abondantes, cavernes, on trouve tout cela dans les *Cordilières*; montagnes où il y a tant de Volcans, & dont le terrein eft fi fouvent ébranlé. Mr. BOUGUER, dans fon traité de la figure de la terre, remarque qu'on voyoit dans une inondation arrivée au *Cotopaxi*, fameux Volcan du *Pérou*, une matière huileufe, qui étoit enflammée, & que dans cette contrée, fi fujette aux tremblemens de terre, on voit prefque tous les matins le falpêtre comme une légère fleur en divers endroits des ruës & des chemins. Le terrein de *Lima* (g) eft tout fulphureux & nitreux.

(g) On a effuyé à *Lima*, depuis l'établiffement

des

treux. Aux environs de tous les Volcans on peut y remarquer des rochers, des cavernes, des minéraux & des eaux. Le terrein des environs de *Peckin*, dans la *Chine*, eft plein de pyrites, fouvent auffi la terre y eft agitée. L'Ifle de *Ternate* & celle de *Feu* font toutes caverneufes & pleines de foffiles pyriteux; auffi y a-t-il des Volcans. Sur le fommet du *Pic de Ténérife*

des Efpagnols, de fréquens tremblemens de terre. En 1582; en 1586 le 9 Juillet; en 1609, le 27. Novembre; le 13. Novembre 1655; le 17 Juin 1678; celui du 20 Août 1687. fut plus violent encore que tous ceux-la, à 4 heures & à 6 heures du matin. *La* mer fe retira &, foulevée enfuite, revint inonder les côtes & couvrir la ville *Callao*. Les tremblemens revinrent le 29 Septembre 1697, le 14 Juillet 1699, le 6 Février 1716; le 18 Janvier 1725; le 2 Decembre 1732. Les tremblemens de 1690, 1734, 1743, ont été les plus foibles. Le plus violent de tous a été celui du 28 Octobre 1746. fur les dix heures & demi du foir. On vit la mer faire les mêmes mouvemens qu'en 1687, couvrir *Callao* & fubmerger 19 vaiffeaux. Voy. de Don ULLOA, p. 466 & fuiv.

fe eſt une grande caverné entierement garnie d'une matière nitreuſe & ſulphureuſe, qui fume ſans ceſſe. Les rochers ſont pleins de minéraux & coupés de fiſſures. On y éprouva en 1704. trois cent ſécouſſes de tremblement & la montagne vomit beaucoup de minéraux & de ſels. L'Iſle d'*Ormus*, dont le terrein eſt une eſpèce de terre nitreuſe & ſulphureuſe, eſt ſujette à de fréquens tremblemens; mais ils ne ſont pas violens, parce que le principe en eſt ſous la prémière ſurface de la terre & que le terrein léger donne un facile paſſage aux exhalaiſons & aux vapeurs. De-là les fréquens météores ignées, dont cette Iſle eſt toûjours couverte. De-là une chaleur telle que les habitans, pour ſubſiſter dans l'été, ſont obligés de paſſer pluſieurs heures chaque jour dans l'eau juſqu'au col. ARISTOTE obſerve que *l'Helespont*, *d'Acbaïe*, la *Sicile*, *l'Eubée*, que tous ces païs ſont expoſés à de plus violentes agitations, parce qu'ils ſont baignés de la mer & que le terrein y eſt

ca-

caverneux. La mer femble l'infinuer
dans les terres. Il omet une circonftance effentielle, dont il ne paroît pas a-
voir eu d'idée, l'abondance des fels &
des fouffres. Les bains chauds, conti-
nue-t-il, qui font près d'*Edepfe* viennent
des mêmes caufes que les tremblemens,
qui y font fréquens. Il prétend que tous
les païs qui admettent dans les antres,
ou cavernes, qui les foutiennent, beaucoup d'air & de vents, en font par là-
même plus fouvent ébranlés (*b*). L'obfervation des faits eft vraie, l'explication ne l'eft point.

Il semble que les tems qui précédent les tremblemens de terre font ordinairement accompagnés de féchereffe; mais qu'avant les tremblemens-
mêmes il y a des pluyes, fouvent des
inondations. Aristote avoit déja fait
cette obfervations,&Pline l'a copiée (*i*).

Les tremble-
mens fui-
vent affez
fouvent les
pluyes.

Elle

(*h*) Arist. Met. Lib. II. Cap. VIII.

(*i*) *Motus fiunt præcipuè cum fequitur imbrem
æftus imbresve æftum.* H. N. Lib. II. C. LXXX.

Elle a été vérifiée dans les tremblemens du Pérou (*k*). Du moins les tremblemens alors font plus violens & plus dangereux. On peut encore voir des preuves de fait dans la rélation des tremblements de la *Jamaïque* en 1692. Il avoit aussi beaucoup plû dans le *Haut - Valais* avant les tremblemens de 1755, qui y ont été fi effrayans, & l'été précédent avoit été fort fec.

Raifons de ce phénomène. LA pluye refferre les pores de la terre, qui réfifte davantage à la dilatation intérieure, tandis que la terre, impregnée d'eau, après une féchereffe, fermente avec plus de facilité. Pour ébranler la terre il faut des vapeurs dilatées, & refferrées par l'efpace qui les contient. Si la dilatation & l'efpace croisfoient en même raifon, quelque prodigieux que fût l'effort, il ne fecoueroit rien. Si par un orifice fuffifant les vapeurs s'échapoient elles ne cauferoient point

[*k*] Voyez Rélation des tremblemens du Perou &cc.

point de fécouffe. L'éolipile échauffé
eft immobile, tandis que l'eau, qui y
eft renfermée, s'élève à une grande hauteur. Ainfi une mine éventée brûle fans
fracas. Une inondation, une pluye,
en bouchant les pores de la furface, en
donnant de la ténacité à la terre, augmente la compreffion, & , arrêtant la
dilatation, lui donne une nouvelle force. Si l'eau arrive jufqu'aux fourneaux
fouterrains, où eft l'inflammation, elle
doit y produire une explofion femblable à celle que caufe de l'eau jettée dans
un creufet de métal fondu. Le métal en
fufion faute en l'air, il fe divife, il fe ré-
pand de toutes parts, au péril de tous
les affiftans. Il n'en refte rien dans le
creufet.

LA terre foulevée s'ouvre diverfement *La ter-*
par un effet des tremblemens de terre. *res'ouvre.*
Souvent ce ne font que des fiffures, des
crevaffes, des fentes. On en a vû de
pareilles à *Lisbonne* en 1755, & la même
année à *Brigüe.* On a obfervé qu'elles
fuivoient, à peu près, la direction des
R 5 fé-

sécousses du Sud au Nord ; presque toutes sur la même ligne, ou avec une sorte de parallelisme. Quelquefois ce sont
des gouffres, ou un abaissement de terrein. Dans d'autres occasions c'est un
bouleversement sans règle, effet mani-
feste d'une explosion, semblable à celle
d'une mine [*l*]. Tous ces effets terribles sont en proportion avec la force de
l'agent. Lorsqu'il y a ainsi des ouvertures sans que la surface soit boulever-
sée, c'est, ce semble, un indice que
l'inflammation, ou l'effervescence, s'est
faite peu - dessous de la surface de
la terre.

Exemples de ces bouleversemens.

Il paroît que ce fut par un bouleversement du terrein que toute la ville d'An-
tioche fut renversée en 728 de l'Ere
Chrêtienne. Ainsi encore un espace de
plus

[*l*] Plin. H. N. Lib. II. C. LXXX. *Varie itaque quatitur, & mira eduntur opera: alibi proftra-
tis mœnibus, alibi hiatu profundo hauftis, alibi
egeftis molibus, alibi emiffis amnibus; nonnunquam
etiam ignibus, calidifve fontibus, alibi averfo flu-
minum curfu.*

plus de 300 lieuës de la côte du *Perou*
fur 70 lieuës dans les terres fut bouleverfé en 1604. La mer fe retira confide-
rablement [*m*]. *Raguſe* périt de la forte
en 1667 [*n*]. A la *Jamaïque* en 1692
il fe fit de grandes ouvertures.

QUELQUEFOIS le terrein s'abaiſſe fim-
plement. Ainſi fe creufent des vallées,
fe forment des marais, des étangs, des
lacs. C'eſt par un pareil événement
qu'on voit depuis 1618 un lac où étoit
le *Bourg de Pleurs*. Un bois s'eſt enfoncé en partie près de *Wattewille*, à
fix lieuës de Berne, dans le mois de
7bre 1756. Il s'eſt fait une forte de marais impraticable, où les arbres ſont en
partie couchés, en partie renverſés. Ce
peut être l'effet du tremblement du 9 Decembre de l'année précédente. Un lit de
terre ou de rocher, qui foutenoit ce bois,

au-

Abaiſſe-
ment de
terrein.

[*m*] FOURNIER, *Hydrog*. Lib. XV. C. XVIII.
Voyez Voyages d'ULLOA ubi fupra.

[*n*] KIRCHER, M. S. T. I. Prooem.

aura été ébranlé, & se fera affaissé ensuite par un effet des pluyes abondantes, qui ont augmenté le poids du terrein. Pline décrit quelques-uns de ces effets [o].

Nais-
sance des
Volcans.

CES diseruptions de la croute de la terre donnent lieu à divers phénomènes effrayans. Les Volcans semblent les plus terribles. Ils indiquent bien manifestement, non une simple effervescence, mais une inflammation avec une explosion. Souvent la terre est soulagée par-là & les tremblemens cessent. *St. Christophle*, une des Isles *Caraïbes*, étoit fort sujette aux tremblemens de terre; depuis l'éruption d'une grande montagne de matières combustibles on n'y en à plus ressenti. Depuis le tremblement de 1692. ils sont moins fréquens à la *Ja-*
maï-

____

(o) Ubi supra, Lib. II. C. LXXX. . . . . *Nec simplici modo quatitur, sed tremit vibratque. Hiatus vero alias remanet, ostendens quæ sorbuit, alias occultat ore compresso, rursusque, ita inducto solo, ut nulla vestigia exstent, urbibus plerumque devoratis, agrorumque tractu hausto.*

maïque. On y vit des éruptions de feu.
Quelques rélations portent qu'on a vu
en 1755 fortir du feu de la mer, proche de *Lisbonne*. Si le Volcan s'étoit ouvert fur terre, elle en auroit été plus
foulagée & les tremblemens n'auroient
peut-être pas eu autant de durée.

Souvent avec le feu il fe fait des
éruptions de terre, de pouffière, de
cendres, des pierres-ponces, des pier-
rés vitrifiées, des maffes de rochers, de
métal, de fouffre & de bitumes fon-
dus [*p*]. Ces matières couvrent quelquefois de vaftes campagnes, ou enfe-
veliffent des villes.

Diverfes matières pouffées hors de la terre.

Spon, dans fon Hiftoire de *Genève*,
nous rapporte un fait que nous avons
déja indiqué, mais dont le détail mérite de l'attention. „ Le 1. de Mars,
„ dit-il, 1584, un dimanche fur le mi-
„ di,

[*p*] Voyez des détails curieux dans l'Ouvrage de
l'Académie des Sciences de Naples: Do Vefuvii
conflagratione quæ mene Majo anno 1737 accidit
commentarius, Neapoli 1738. 4.

,, di, le tems étant fort ferein, on fen-
,, tit tout d'un coup un grand tremble-
,, ment de terre, qui dura dix ou dou-
,, ze minutes, fe faifant non feulement
,, remarquer par le cliquetis des vitres,
,, des tuiles & des lambris, mais ébran-
,, lant jufqu'aux fondemens des mai-
,, fons, & jettant par terre quelques anti-
,, ques cheminées. On le fentit dans tous
,, les environs du lac & il redoubla trois
,, jours de fuite. Il caufa à la fin ce
,, défaftre furprenant & inouï. A une
,, demi-lieuë de la Ville d'*Aigle*, au
,, Canton de Berne, entre neuf & dix
,, heures du matin, on vit s'élancer d'un
,, entre-deux de rocher une prodigieufe
,, quantité de terre, pouffée par les ex-
,, halaifons renfermées, qui tomba com-
,, me une ravine d'eau & combla pref-
,, qu'en un inftant les valons & la cam-
,, pagne voifine. Le Hameau de *Cor-*
,, *bery* en fut d'abord enfeveli; excep-
,, té une feule maifon dont le Maître
,, étonné du fracas, qu'il entendoit, dit
,, à fa femme qu'il croyoit que la fin du
                                    ,, mon-

„ monde étoit venuë. Ils fe mirent à
„ prier Dieu, & pendant qu'ils le faifoient
„ la terre paffa comme une vague im-
„ pétueufe par - deffus leur maifon, fans
„ y faire autre mal, fi ce n'eft que le
„ Maître fut un peu bleffé d'un éclat à
„ la tête. On trouva auffi dans une
„ autre maifon un enfant dans fon ber-
„ ceau, fain & fauf, fa mère accablée
„ des ruines de la maifon étendant fes
„ bras fur lui. Ce ne fut pas tout. La
„ terre s'augmentant à mefure qu'elle
„ rouloit, de même qu'un peloton de
„ neige, enfevelit au village d'*Yvor-*
„ *ne* , au - deffous de *Corbery*, 69 mai-
„ fons, 106 granges pleines de den-
„ rées, 100 perfonnes & grande quan-
„ tité de bêtail ; ce village étant un des
„ meilleurs de la *Suiffe*, habité de bon-
„ nes gens, laborieux & qui s'entrete-
„ noient honnêtement de leur recolte.
„ La plupart des hommes, éloignés du
„ village au travail de terre, échappè-
„ rent, & même il n'y eut aucune mai-
„ fon, dont il ne fe fauvât quelqu'un.
                              „ Cet-

„ Cette terre étoit mêlée d'une grêle
„ de pierres & d'une nuée d'étincelles
„ & de fumée, qui répandoit l'odeur de
„ fouffre aux environs. Cette pluye de
„ terre, auffi merveilleufe que celles
„ des anciens nous font fufpectes, oc-
„ cupa environ une lieue d'étenduë, &
„ la largeur de douze arpens. Son é-
„ paiffeur étoit inégale & la moindre
„ étoit de dix pieds. Tout cet efpa-
„ ce, qui en fut couvert, fut rendu fi
„ uni, qu'il fembloit que ce fut un
„ gueret fraichement labouré, fans qu'il
„ y eut apparence d'y avoir eu des ba-
„ timens. Ce tremblement fut au refte
„ fi violent, que près du village de *Mo-*
„ *tera*, le lac s'avança plus de vingt
„ pas outre fon ordinaire & qu'à *Ville-*
„ *neuve*, à la tête du lac, des tonneaux
„ pleins de vin fe trouvèrent dreffés fur
„ leurs fonds. Près de la ville d'*Aigle* une
„ pièce de rocher fe détacha & s'arrê-
„ ta, fans faire autre mal, dans une
„ fente de la montagne ". (*q*).

Sou-

[*q*] Spon Hift. de *Geneve*, T. II. Gen, 1730.
p. 139-142.

Souvent avec ce mélange extraordinaire s'élévent des jets d'eau enormes foit
par la quantité de l'eau ou par la hauteur du jet. Cette eau eft pouffée comme celle d'un Eolipile [r]. Ces matières font lancées quelquefois avec une
force furprenante. C'eft ainfi qu'au témoignage de Bontius Medecin dans
l'ifle de *Java* & de M. Bouguer les
volcans dans leur éruption jettent, à la
diftance de plufieurs lieuës, des pierres
fi groffes, que vingt hommes n'auroient
pu les remuer [s]. On pourroit raffembler bien des faits fur ce fujet. Les
tremblemens, dit Aristote, ne cef-
fent point quelquefois, en certains lieux,
que le vent qui les avoit fait naître,
ayant fait éruption, ne s'échape au de-
hors. C'eft ce qui eft arrivé depuis peu

à

Jets d'eau & de pierres: divers exemples.

[r] Voyez-en des exemples déja rappportés ci-
deffus.

[s] Journal de *Verdun* Nov. 1756. p. 357.
Extruditque fimul mirando pondere Saxa.
Lucr. Lib. VI. vf. 693.

S

à *Heraclée* du *Pont* & auparavant près de
l'ifle de *Hière*, l'une de celles qu'on appelle *Eoliennes*. Ici la terre s'enfla, s'é-
leva avec bruit. Cette montagne cre-
ve, & il en fort avec beaucoup de vent
des cendres & des étincelles, qui rédui-
firent la ville des *Lipariens*, peu diftan-
te, en cendres, & qui furent portées
jufques à quelques villes d'Italie [t].
En 1702, près de l'*Appennin* & dans
l'*Abruzze*, il fe fit deux fentes, par l'effet d'un tremblement de terre, d'où s'é-
levèrent des pierres, qui couvrirent les
campagnes voifines. Des mêmes ouvertures furent pouffées enfuite des dégor-
gemens, ou des jets d'eau, auffi haut
que les plus grands arbres. Cela dura
un quart d'heure. Toutes les campagnes voifines furent inondées [u]. Cette éruption ne paroît indiquer que de
l'effervefcence. Au *Port-Royal*, en 1692,
on vit auffi des jets d'eau fortir de la
ter-

[t] *Meteorol.* Lib. II. C. VIII.

[u] Hift. de l'Ac. Roy. de Paris, an. 1702.

terre. On a obfervé pareille chôfe à *Brigue*, en 1755. En 1746. le 20. 8bre. dans la même nuit, que *Lima* fut renverfée, il creva un Volcan à *Lucano* & trois autres dans la montagne appellée *Convenfiones de Caxamarquilla*, d'où fortirent des torrens d'eau, qui inondèrent toutes les campagnes [x]. Le *Vefuve* pouffa le 6e. Xbre 1631. une fi affreufe quantité de cendres que les campagnes fort loin en furent couvertes [y]. Il eft apparent que c'eft ainfi qu'a péri *Héraclée*, cette ville enfevelie, dont la découverte attire aujourd'hui l'attention de tous les Antiquaires. Dion rapporte, dans la Vie de Tite, que *l'Etna* pouffa un jour une fi grande quantité de cendres qu'il y en eut jufqu'en *Egypte*, en

Afri-

[x] Voya. de D. Ulloa, *ubi fupra*, p. 468.

[y] Tranfact. Phil. an. 1666. No. XXI. Voyez la defcription de l'incendie du Vefuve fous Tite, l'an 79 de l'Ere Chret. Plinii Epift. Lib. VI. Epift. 16. 20. Vide De Vefuvii confragrat. Commentar. Neapol. 1738. p. 19. præfationis.

S 2

Afrique & en *Syrie.* Je crois qu'il y a de l'hyperbole dans ce récit. Voici quelque chofe de plus fûr. En 1665. s'ouvrirent fubitement, après des fecouf- fes réïtérées, trois bouches fur les col- lines adjacentes de *l'Etna*, *Paleri*, *Mal- poffo* & *Foffara.* De-là jailliffoit, à la hauteur de 12 pieds, des jets de matiè- res pyriteufes, qui formèrent un fleuve d'environ un mille de large, qui fe jet- ta dans la mer, près de *Catane.* Les pierres que ce fleuve rencontroit étoient auffi-tôt fondues & le bois reduit en char- bon. Les arbres féchèrent à une gran- de diftance [z].

Changement dans les four- ces.

Par un effet de ces difruptions, de ces éverfions ou de ces bouleverfemens, dans la furface de la terre & dans fon fein, d'anciennes fources difparoiffent & il en paroît de nouvelles. C'eft ce qu'on vit dans *l'Abruzze* en 1742. C'eft ce qu'on a obfervé à Brigue en 1755. Quel-

[z] voyez Hift. du mont *Etna.* Borelliuf de incendiis Ætnæ.

Quelques canaux fe comblent, des cavernes font remplies, & l'eau par fon
poids, fe cherchant un nouveau paffage, le trouve par quelque fente qui s'eft
formée.

LE poids des eaux ne permettant pas
ces éruptions du fond des mers, les vaiffeaux qui s'y trouvent, éprouvent de
diverfes fortes de fecouffes, plus ou
moins violentes. Nous avons déja rapporté que, dans le dernier tremblement
de *Lisbonne*, des vaiffeaux, qui étoient à
près de 150 lieuës des côtes, ont fenti
des ébranlemens extraordinaires. Il paroît même qu'un des foyers originaires
étoit fous la mer, non loin de *Lisbonne*.
On croit d'avoir vû fortir des flammes
du fein même des eaux. Des vaiffeaux,
dans la mer la plus calme, font quelquefois fécoués de la même manière que
fi on jettoit un fardeau de 30 à 40 quin-
taux fur le left; quelquefois comme s'ils
frottoient de la quille fur quelque rocher. Souvent il fe forme, par un vent
qui fort des entrailles de la terre, un

                    cou-

courant, qui emporte le vaisseau contre le vent de la surface. En certaines rencontres les vaisseaux sont simplement balancés, d'autres fois ils sont tourmentés sans règles & si violemment qu'ils échouent.

Vapeurs pyriteuses, souvent malignes, suite des tremblemens,

PAR une suite nécessaire de ces éruptions, de ces ouvertures de la terre, ou de ces fissures, qui s'y forment, il sort de son sein des vapeurs, qui varient selon le principe dominant de la fermentation, ou de l'inflammation interieure; vapeurs aqueuses, exhalaisons sulphureuses, nitreuses, pyriteuses, souvent malignes & plus ou moins épaisses, selon les circonstances.

Odeur qui fuit les tremblemens.

DE-là l'odeur, qu'on sent ordinairement après les tremblemens, lors même qu'on n'a aperçu ni fente ni ouverture. De-là les maladies qui les suivent ordinairement. En 1692, à la *Jamaïque*, le tremblement fut accompagné & suivi de vapeurs d'une puanteur extraordinaire, qui en moins d'une minute firent

d'un

d'un ciel clair & serein un ciel aussi rouge qu'un four chaud [a]. Après le tremblement de *Lisbonne* l'air étoit plein de vapeurs sulphureuses, qui, sans les soins du Roi de *Portugal* auroient apparemment produit des effets affreux. Il faut qu'il y ait eu dans l'air du département de *Brigue* des vapeurs bien incommodes; puisque le gibier s'est retiré & a passé du côté de la *Val-d'Aoste* [b].

On a observé qu'à la fin de ce tremblement de 1755, le soleil avoit paru à *Lisbonne* plus grand & rougeâtre. C'est dans les exhalaisons pyriteuses, qui s'élèvent du sein de la terre, que nous cherchons la raison de cette double apparence. Après des efforts réïtérés, qui don-

Pourquoi le soleil paroît plus grand & rougeâtre.

(a) Rélation d'un tremblement arrivé au *Port-Royal* au mois de Juin 1692, &c.

(b) Rélation de M. Muret. Pline suppose que les oiseaux prévoyent même ces tremblemens. *Quin & volucres non impavidæ sedentes.* Lib. II. C. LXXXI.

donnèrent lieu aux fecouffes, l'air dilaté & chargé de vapeurs, força fes pri-
fons. En s'échapant il éleva dans l'atmosphère des tourbillons d'exhalaifons
pyriteufes. L'Atmosphère, épaiffie par
l'union de ces particules hétérogènes,
fit éprouver aux rayons une plus grande réfraction, qui, augmentant l'angle
vifuel, fit paroitre les objets plus grands.
Tel eft l'effet des corpufcules étrangers
dans l'air. C'eft pour cela que le foleil
paroît plus grand quand il eft fur fon déclin. C'eft-là la caufe des longs cre-
pufcules & des longues aurores, qui
prolongent les jours des peuples du
Nord [c]. C'eft pour cette raifon que
dans la mefure des dégrés du méridien
on a fubftitué la ligne verticale à la
ligne horifontale. L'altération de l'air,
qui eft le milieu par où la lumière du
foleil nous parvient, doit auffi en changer la couleur. Les lunettes vertes,
bleuës ou jaunes font paroître les
objets

[c] Voyez Hift. d'Islande par ANDERSON.

objets teints de ces couleurs.

Ordinairement après de vio-
lens tremblemens la température de l'air
eſt changée, ſouvent altérée pour quelque tems. Cette ſurabondance d'exhai-
laiſons, ou de vapeurs, en eſt manifeſ-
tement la cauſe. Nous avons eu beaucoup plus de pluyes en 1756 qu'on n'en
avoit eu les années précédentes [d].
Tout l'été a été orageux, nous avons
eu pluſieurs grêles & beaucoup de tonnerres. L'Orage, qu'on a eſſuyé à *Pa-
doue* & aux environs, le 17. Août 1756,
doit avoir eu une cauſe fort extraordinaire. Grand nombre d'édifices en ont
été renverſés. A la *Jamaïque* on obſerva auſſi, en 1692, que le vent de terre
ne fut pas ſi fréquent, qu'à l'ordinaire,
après le tremblement. Le vent de mer
ou la *briſe du large*, comme on l'appelle,

Chan-
gement
dans la
tempéra-
ture de
l'air.

[d] Voyez Nouv. Bib. Germ. de *M.* Formey,
T. XIX. Part. 1,

le, devint plus violente & plus fréquen‑
te. Cela a lieu jufqu'à ce que l'équili‑
bre foit rétabli.

**Change‑
mens de
la furface
du globe.** On comprend donc fans peine que fi les tremblemens de terre caufent de grands changemens dans l'intérieur de la terre & dans l'air, ils en produifent auffi fur fa furface. Quand le foyer eft profond, fous les montagnes, elles font ébranlées, quelquefois renverfées. Ainfi on a vu, au rapport de PLINE, des montagnes s'entreheurter & fe détrui‑ re [e]. Les effets du tremblement fu‑ rent

[e] PLIN. Hift. N. lib. II. C. LXXXIII. *Factum eft femel, quod equidem in Etrufcæ difciplinæ vo‑ luminibus inveni, ingens terrarum portentum, L. Marcio, Sex. Julio Coff. in agro Mutinenfi: nam‑ que montes duo inter fe concurrerunt, crepitu maxi‑ mo affultantes, recedentefque, inter eos flamma fu‑ moque in coelum exeunte interdiu, fpectante è via Æmilia magna equitum Romanorum, familiarumque & viatorum multitudine. Eo concurfu villæ omnes elifæ, animalia permulta, quæ intra fuerant, exani‑ mata funt, anno ante fociale bellum: quod haud fcio an funeftius ipfi terræ Italiæ fuerit, quam civilia.*

Nou

rent plus terribles encore au Pérou, fur
une étenduë de 300 lieuës [*f*] : Plaines
& montagnes, tout fut bouleverfé. A la
Jamaïque les montagnes furent renver-
fées en 1692. Il y a|un grand lac, où
étoit une haute montagne. Toute l'ifle
bouleverfée s'eft abaiffée d'un pié. C'eft
par ces fecouffes que des Prefqu'ifles
ont été arrachées, ou féparées, du Con-
tinent. Des ifles fe font formées ; des
montagnes fe font élevées par de pareils
efforts. Sur la fin de 7bre de l'année
1538 une montagne fut formée près de
Pouzzol. Portius a décrit cet évène-
ment [*g*]. C'eft un monceau de cendres,

*Non minus mirum oftentum & noftra cognovit ætas,
anno Neronis Principis fupremo, ficut in rebus ejus
expofuimus, pratis oleisque, intercedente via publi-
ca, in contrarias fedes transgreffis, in agro Marru-
cino, prædiis Vettii Marcelli equitis Romani, res
Neronis procurantis.*

[*f*] Voyages de l'Amérique par Don Ant. de
Ulloa T. I. 2e Part. Lib. I. C VII. Furne-
rius Hydrog. Lib. XV. C. XVIII. p. 538.

[*g*] Sim. Port. Epift. de conflagrat. agri Pu-
teo-

dres, de pierres - ponces & de matières
pyriteuſes, élevées d'une nuit, à la hauteur de plus de mille pas. A. MORO a
raſſemblé divers exemples de pareilles
productions, dans l'ouvrage, que nous
avons déja cité. En 1638 une nouvelle
iſle parut près de celle de *St. Michel*,
entre les *Açores*. Auprès de *Santorin*,
le 3e. de Mai 1707, on vit ſortir une
iſle du fond de la mer (*b*). ARISTO-
TE (*i*), STRABON (*k*), PLINE (*l*),
SENÉQUE (*m*), ont raſſemblée divers
faits

teolani. Vide etiam Commentar. de Veſuvii conflagratione, in præfatione p. 7.

(*b*) Memoir. de l'Ac. Roy. an. 1706.

(*i*) ARIST. Meteor. Lib. II. C. VIII.

(*k*) STRAB. Lib. VI.

(*l*) PLIN. H. N. Lib. II. C. LXXXVIII & ſeq.

(*m*) SEN. Quæſ. N. Lib. VI. C. XXI. &c. Voyez
VARENII Geog. gen. Lib. I. C. XVIII. p. XIII.
pa. 229. Elz. 1650. Conſultez *M.* DE BUFFON
Hiſt. Nat. T. I. &c. Voyez auſſi Hiſ. des ancien.
révol. du globe terr. 8. Paris 1752.

faits de cette nature, qui ne paroiſſent pas tous également certains.

Quelques portions de nos Montagnes s'affaiſſent, ou s'éboulent auſſi quelquefois. Il en tombe des fragmens conſidérables. Scheuchzer en a raſſemblé des exemples. Les tremblemens de terre peuvent y contribuer. Il n'eſt pas néceſſaire que la chute de ces maſſes ſuive immédiatement les ſecouſſes. Celles-ci ébranlent. L'air, la pluye, l'humidité, le gel font le reſte. Sur la fin de Juillet, de l'année 1756, il s'eſt fait ainſi un éboulement conſidérable de rochers à l'extrémité de la vallée de *Luterbrun*, dans le Bailliage d'*Interlacken*, dans le Canton de *Berne*. Une partie de la Glacière a été couverte, ou renverſée (*n*). Cette chûte pourroit bien avoir été occaſionnée par les tremblemens de terre, qu'on

Changemens dans nos montagnes.

(*n*) Dans le même lieu, qui a été couvert, un ſavant Botaniſte, qui fait l'honneur de notre patrie, herboriſoit tranquilement 32 heures avant la chûte. Il ne ſoupçonnoit pas un péril ſi prochain & ſi grand.

qu'on a effuyé dans cette vallée en 1755 & 1756 [o]. On y fentit encore des fecouffes au commencement de Juillet, auffi bien qu'à *Brigue*. La diftance de ces lieux n'eft pas grande, par-deffus les Glacières, ou Montagnes de glaces, mais le chemin eft impraticable. Des Canaux fouterrains peuvent aifement communiquer de l'un de ces lieux à l'autre.

Bruit qui accompagne les tremblemens.

TANT de défaftres, tant d'agitations dans l'intérieur de la terre, tant de bouleverfemens fur la furface, tant de commotions dans l'atmofphère même, qui accompagnent les tremblemens de terre, doivent produire un bruit plus ou moins confidérable, felon les diverfes circonftances intérieures & extérieures. Ce bruit reffemble quelquefois à celui d'un fardeau qui tombe. D'autres fois c'eft un long gémiffement, comme d'un air qui s'échape par une fen-

(o) Interdum fcopulos avulfaque vifcera montis
Erigit eructans. VIRG. *Æneid* Lib. III. vf. 575.

fente trop étroite. Souvent c'eft un é-
clat, femblable à celui du canon: ce
qui fuppofe une explofion. On a entendu dans de certaines rencontres un rou-
lement pareil à celui du tonnerre. C'eft
un effet de la propagation, ou de l'effervefcence, ou de l'inflammation. Aristote [p], Pline [q] & Séné-
que [r] ont fait ces obfervations.
Corneille Sévere [s] n'a pas
omis ce phénomène dans fa defcription
de l'Etna. Dans le tremblement, reffenti près de l'Apennin, en 1702, le bruit

in-

[p] Meteor. Lib. II. C. VIII.

[q] H. N. Lib. II. C. LXXX.

[r] Q. N. Lib. VI. C. XIII.

[s] Nam fimul atque movent Euri turbamque
    minantur,
Diffugit, exemploque folum tremit actaque rima
Et grave fub terra murmur demonftrat & ignes
C. Sev. Ætna, vf. 460-462.
- - - - - - quæ caufa perennes
Explicet in denfum flammas, eructet ab imo
Ingenti fonitu moles, & proxima quæque
Ignibus irriguis urat, Ibid. vf. 25-28.

intérieur étoit effrayant [*t*]. A la *Ja-*
maïque en 1692, il n'étoit pas moins
rédoutable. A *Lima* en 1746 il fut fort
grand [*u*]. Dans les tremblemens de
1755 & de 1756, il a été entendu en
divers lieux. Quelquefois on apperçoit
un fifflement dans l'air extérieur. Le
mont *Hécla* en *Islande* poufle fort fouvent des fons plaintifs, de longs gémif-
femens, quelquefois des hurlemens qui
s'entendent affez loin [*x*]. Les divers
fons que rendent les tuyaux d'orgue
font une image de ces différens phénomènes.

Raifons
de ces
bruits dif-
férens.

Ces fons, ces bruits, viennent de diverfes caufes, qui quelquefois concour-
rent enfemble, qui d'autres fois agiffent féparément. Dans certaines circonftances ce bruit eft l'effet de la col-
lifion, ou du choc des parties intérieures

[*t*] Mem. de l'Ac. R. de P. an. 1704.

[*u*] Voya. de D. Ulloa ubi fupra.

[*x*] Hiftoire de l'Iflande par Anderson.

‑es & folides, qui fe heurtent, fe diflo-
quent, ou fe brifent. L'effervefcence
feule, ou l'inflammation, par fon bouillonnement, peut produire un bruit confidérable. Diverfes expériences chimiques & quelques procédés des arts en
font preuve. Souvent il y a explofion,
détonnation & fulmination, qu'on imite
auffi par plufieurs expériences, qui dé-
veloppent le fecret de la nature. L'air,
les exhalaifons & les vapeurs dilatées
forment des courans &, en s'échapant
avec plus ou moins de force, frapent
l'air extérieur, qui, par fes divers ébranlemens, nous fait entendre cette variété de fons. On fait enfin que le mélange d'un air chargé d'exhalaifons fulphureufes avec un air plus pur caufent dans
l'atmofphère une fermentation qui donne
lieu au fon extérieur, que l'on entend
quelquefois.

Non feulement ces fons accompagnent les tremblemens de terre, mais ils
les précédent & les annoncent fouvent.
Il feroit important d'avoir des progno-

Progno-
ftics des
tremble-
mens de
terre.

T   ftics

ſtics ſûrs de ces ſecouſſes terribles, afin
de pourvoir par la fuite à ſa vie. Mal-
heureuſement les avant‑coureurs ſont
équivoques & ſuivis de trop près des ſecouſſes. Quoi qu'il en ſoit il n'eſt pas
inutile de raſſembler ce que les obſervations & l'expérience ont appris ſur ce
ſujet. Si cet Article de mon Mémoire
étoit plus complet, il ſeroit le plus utile
& le plus intéreſſant. Il vaudroit mieux
faire éviter un malheur au moindre mor-
tel, que d'en définir avec toute la pré-
ciſion poſſible les vrayes cauſes. PLINE
rapporte qu'ANAXIMANDRE le Miléſien
prédiſit aux *Lacédémoniens*, qu'ils étoient
menacés d'un tremblement de terre;
prédiction, que l'éverſion de leur ville juſtifia bientôt. PHÉRÉCIDE [y] le
Pré-

[y] Ce que PLINE attribue à PHÉRÉCIDE, AM-
MIAN MARCELLIN l'attribue à ANAXAGORE, qui,
dit-il, *cum putealem limum contrectaret, tremores
futuros terræ prædixit. Lib.* XXII. EUSÈBE rapporte cette prédiction à PYTHAGORE même. *Præp. Ev.
Lib.* X. CICERON en fait honneur au Maître, *De
Div. Lib.* II. auſſi bien que MAXIME DE TYR, qui
dit que la choſe arriva à *Samos. Serm. III.*

Précepteur de Pythagore, en puisant de l'eau hors d'un puit, doit aussi avoir prévu & prédit un tremblement prochain [z].

Le bruit intérieur est d'abord l'annonce la plus ordinaire des tremblemens de terre. Il varie selon les circonstances. Pline [a] le décrit fort bien, d'après Ari-

Bruit qui
précéde.

[z] H. N. Lib. II. C. LXXIX. *Præclara quædam esse & immortalis in eo, si credimus, divinitas perhibetur, Anaximandro Milesio Physico, quem ferunt Lacedæmoniis prædixisse, ut urbem ac tecta custodirent : instare enim motum terræ, cum & urbs tota eorum corruit, & Taygeti montis magna pars, ad formam puppis eminens, abrupta, cladem insuper eam ruina pressit. Perhibetur & Pherecydis Pythagoræ Doctoris alia conjectatio, sed & illa divina: haustu aquæ è puteo præsensisse, ac prædixisse ibi terræ motum. Quæ si vera sunt, quantum a Deo tandem videri possunt tales distare, dum vivant? Et hæc quidem arbitrio cujusque existimanda relinquantur.*

[a] *Ubi supra* Lib. II. C. LXXXI. *Navigantes quoque sentiunt non dubia conjectura, sine flatu intumescente fluctu subito, aut quatiente ictu. Intremunt vero & in navibus posita; æquè quam in ædificiis, crepituque prænunciant. Quin & volucres*

T 2

non

Aristote [*b*], qu'il copie. Ces observations n'ont pas échapé à Seneque [*c*]. Ce bruit, ou ces sons divers viennent de l'air & des vapeurs dilatées qui s'agitent dans les cavernes (*d*) & qui s'échapent avec d'autant plus de violence qu'elles font plus preffées, & que les canaux font plus étroits (*e*). Ce bruit

non impavidæ fedent. Eft & in coelo fignum, præc[e]ditque motu futuro, aut interdiu, aut paulo poft occafum, fereno cœl tenuis linea nubis in longum porrectæ fpatium. Eft & in puteis turbidior aqua, nec fine odoris tædio.

[*b*] Loco jam citato.

[*c*] N. Q. Lib. VI. C. xiii. *Antequam terra moveatur, folet mugitus audiri, ventis in abdito tumultuantibus: nec enim aliter poffet, ut ait nofter Virgilius,*

Sub pedibus mugire folum, & juga celfa moveri: nifi hoc effet ventorum opus.

(*d*) *Magno cum murmure montis circum clauftra fremunt.*

(*e*) *Spiritus per aliquam rimam maligne fugit, & hoc acrius fertur, quo anguftius. Id fine pugna non poteft fieri, nec pugna fine motu.* Sen. Ibid. C. xiv.

bruit devroit toûjours être proportionné au choc qui doit fuivre, fi le lieu & les autres circonftances ne le faifoient varier à l'infini, quant à l'intenfité & à fa nature. En général plus le bruit eft confidérable, moins il y a d'intervalle aux fecouffes qui fuivent. La figure des cavernes, dans lefquelles les vapeurs agitées frappent l'air, augmente ou fait encore varier le fon (*f*). Plus diftinctement il fe fait entendre, plus il eft près de la furface. Le tremblement du 20. Mars 1709. à *Lima*, fut précédé d'un fi grand bruit, que tout le monde en fut éveillé, à 2 heures du matin. Chacun fe fauva fur les ruës. Le 9. Juillet, le

(*f*) Sen. Q. N. Lib. VI. C. xix. *Quomodo in dolio cantantis vox, per totum cum quadam difcuffione percurrit ac refonat, & tam leviter mota, tamen circuit, non fine tactu ejus tumultuque, quo inclufa eft: fic fpeluncarum fub terra pendentium vaftitas habet aëra fuum, quem fimul alius fuperne incidens percuffit, agitat non aliter, quam illa de quibus paullo ante retuli, inania indito clamore fonuerunt.*

le 21. Octobre & le 20. Decembre on obferva la même chofe (*g*). Par-là bien
des gens évitèrent la mort. En 1692. au
Port-Royal on entendit, à 11 heures &
demi, ou à midi, un bruit comme celui d'un tonnerre. Il fut l'annonce,
malheureufement trop précipitée, d'un
tremblement qui fuivit immédiatement
& renverfa cette Ville (*b*). La diftance
de l'éclair, qui précéde & que l'on voit,
au tonnerre, qui fuit & que l'on entend,
eft quelquefois de 7 ou 8 fecondes;
mais quelquefois auffi ils fe fuivent de fi
près qu'on n'apperçoit aucun intervalle.
Dans ce dernier cas l'éclair, ou l'inflammation, eft bien proche de nous.
Dans leur principe, le bruit & l'éclair,
l'inflammation & la détonnation, font
fimultanées. Mais la vue eft plus prompte que l'ouïe, ou la lumière traverfe l'ef-

pace

(*g*) Hift. des tremblemens de terre du *Pérou*, T.
I. p. 119 & fuiv.

(*b*) Voyez la rélation à la fin du T. II. de cette
Hiftoire en deux lettres.

pace avec plus de rapidité, que le mouvement fonore; l'une pour parvenir aux
yeux, l'autre aux oreilles.   Ici l'ouïe
feule, qui eft moins prompte, nous fert.
L'éclair foûterrain eft invifible. La grandeur du bruit peut feule nous fervir à
méfurer la proximité de l'effervefcence
ou de l'inflammation interne.   Le D.
Hales entendit diftinctement le bruit,
avant que de fentir aucune fecouffe, à
Londres, le 19. Mars 1750. à 5 heures
4 minutes du matin.   Les feçouffes durèrent 3 ou 4 fecondes.   Aux environs
de l'*Appennin* on entendit auffi un long
murmure avant les fécouffes de 1702.

Voici comment D. Ulloa parle de Obferva-
ces annonces funeftes d'événemens plus tions fai-
funeftes encore.   „ Ces tremblemens, rou.
„ dit-il, tout inopinés & fubits qu'ils
„ font, ne laiffent pas d'avoir des avant-
„ coureurs, qui annoncent leur appro-
„ che. Un peu auparavant, c'eft-à-dire,
„ environ une minute avant les fecouf-
„ fes, on entend un bruit fourd,
„ qui fe fait dans les concavités de la
T 4   „ terre

„ terre & qui ne s'arrête pas du côté où
„ il se forme, mais il court de côté &
„ d'autre sous terre; à quoi il faut ajouter
„ les aboyemens des chiens qui, preſſen-
„ tant les prémiers le tremblement, ſe
„ mettent à japper ou plûtôt à hurler,
„ d'une façon extraordinaire. Les bê-
„ tes de charge & autres, qui vont dans
„ les ruës, s'arrêtent tout court, &,
„ par un inſtinct naturel, écartent leurs
„ jambes pour ſe cramponner & ne pas
„ tomber (i) ". Le même Auteur dit
encore, en parlant du tremblement du
26. Octobre 1746. „ Quelques jours a-
„ vant ce tremblement de terre, on en-
„ tendit à *Lima* un bruit ſoûterrain, tan-
„ tôt comme des mugiſſemens, tantôt
„ comme des coups de canon. On les
„ entendoit même après le tremblement
„ de terre, pendant la nuit, lors qu'ils
„ ne pouvoient être confondus avec
„ d'autres bruits: ſigne évident que la
„ matière inflammable n'étoit pas en-
„ tiè-

(i) Ubi ſupra p. 465.

„ tièrement éteinte & que la caufe des
„ mouvemens de la terre n'étoit pas
„ finie [k].

Non feulement les tremblemens s'annoncent par ce bruit, ou ce mugiffement
rédoutable, mais encore par le mouvement ou le bouillonnement des eaux.
Les rivières & les lacs femblent frémir.
Les puits fe troublent. Les fontaines
minérales fe colorent, ou fe chargent
d'une plus grande quantité de minéral.
Le commencement de l'effervefcence
intérieure, faifant monter des vapeurs
& agitant l'air intérieur, peut produire
tous ces effets. Le mélange fubit d'un
air chargé d'exhalaifons avec un air pur
peut donner lieu auffi à ces phénomènes.

Le D. Hales prétend que les tremblemens arrivent pour l'ordinaire dans
un beau tems; mais qu'on apperçoit un
nuage noir, & que, quoique le ciel foit
fe-

[k] Ib. p. 469.

Mouve-
ment des
eaux.

Obferva-
tions du
D. Hales.

T 5

ferein, dans le moment du tremblement, il paroît fouvent chargé de quantité de vapeurs fulphureufes & inflammables, qui fe manifeftent par des éclairs des feux folets, ou autres météores ignées (*l*). C'eft le befoin du fyftème, qui donne lieu à toutes ces fuppofitions. Comme ce Phyficien cherche la prémière caufe des tremblemens dans l'atmofphère, il falloit auffi arranger cette atmofphère pour cela. En comparant les diverfes relations il m'a paru que ces fuppofitions & ces prétendus phénomènes étoient peu exacts & que les Auteurs fe contredifent fur ce fujet. Aristote, Pline & Sénéque affûrent que les tremblemens font précédés d'un air tranquile & ferein [*m*]. Souvent cela arrive; mais pas toûjours. Je ne fai même, fi, tout examiné, on ne trouveroit pas autant d'exceptions à ces règles que d'exemples qui les confirment. Auffi

[*l*] Réflex. Phyf. fur les tremblemens de terre.

[*m*] Arist. ubi furpa. Plin. Lib. II. C. lxxix. Sen. Lib. VI. C. xii.

Auffi quelques Auteurs ont-ils cru pouvoir établir un ciel ténebreux, des é-
clairs, ou des orages fubits, comme des
annonces de tremblemens prochains. Le
7. Juin 1692. à la Jamaïque le ciel étoit
ferein, l'air tranquile au moment du
tremblement qui bouleverfa cette Ifle.
Le jour étoit beau, dit l'Auteur de la rélation de cette cataftrophe, & trop beau
pour qu'on pût foupçonner le moindre
accident. Cependant en trois minutes
la plus belle ville des Colonies Angloifes
fut détruite. Le 22. Février 1703. l'air
étoit fans nuage & fans vent à Rome, lors
qu'on fut effrayé par des fecouffes violentes. Le 9. Decembre 1755. on aper-
cevoit à peine le vent à *Berne*; il faifoit
un brillant foleil, lors qu'on fut furpris
par quelques fecouffes. On a pû voir
d'un autre côté dans les rélations que
nous avons rapportées, divers tremblemens arrivés pendant de grandes pluyes,
durant des vents violens ou avec un ciel
nébuleux. On ne peut donc trouver aucun prognoftic certain dans l'état de l'atmofphère.

HUI-

HUITIEME MEMOIRE.

DE LA PROPOGATION

OU

DE LA SIMULTANÉÏTÉ DES TREMBLE-MENS DE TERRE.

Etenduë & fimulta-néïté des tremble-mens.

SÉNÉQUE ASSURE que les tremblemens de terre n'occupent jamais un terrein d'une fort grande étenduë. Il fuffit de jetter les yeux fur ce que nous avons rapporté pour reconnoître qu'il s'eft trompé. Il y a des tremblemens, qui femblent avoir embraffé ou parcouru un hémifphère entier du globe. Peut-être y en a-t-il qui ont fécoué le globe même tout entier, ou du moins la

plus

plus grande partie. Ammian Marcellin parle d'un [n] tremblement qui
se fit sentir dans tout le monde connu
alors. On peut se convaincre par la
comparaison des diverses rélations, que
nous avons rapportées, qu'il y a un rapport de tems entre les secousses d'un
même tremblement.

Mais on demande, si les différens
tremblemens, que l'Europe & l'Afrique
& même l'Amérique septentrionale ont
éprouvés dans le même tems, sont dé-
pendans les uns des autres? La fermentation ou l'inflammation des matières
pyriteuses, qui en est la première cause, est-elle née dans chaque Pays, in-
dépendamment de tout autre foyer? Ou
s'est elle propagée de l'un à l'autre? Y
a-t-il eu plusieurs mines indépendantes,
ou les mines se sont-elles communiquées
les unes aux autres? Voilà un problème
à resoudre & dont la solution dépend de
l'inspection des seules rélations des derniers tremblemens de terre.

Cr.

[n] Lib. XXVI. Cap. XIV.

Les trem-
blemens se
propa-
gent.

Ce rapport du tems avec les distances, rélativement à quelques points originaires ne peut être l'effet du hazard. Il faut qu'il y ait une communication entre le tremblement de terre éprouvé à *Lisbonne* le 1 Novembre 1755. & les eaux troublées en France & en Suisse, agitées en Hollande, diversement émuës en Allemagne, peu de tems après les secousses du Portugal. *Salé* a été ébranlée en même tems que *Lisbonne* a été renversée. Voilà une communication trop exacte pour être un jeu du hazard. Il s'agit de rendre raison de cette correspondance, de cette propagation, ou de cette communication singulière.

Quelques
exemples
de trem-
blemens
étendus.

En jettant les yeux sur les rélations, que nous avons données des tremblemens de terre de la *Suisse*, on y en aura apperçu plusieurs, qui ont été fort étendus, ou généraux, & qui ne peuvent s'expliquer que par une propagation, ou une communication. Je n'en rapporterai que quelqus-uns, sans remonter au delà du siécle précédent. Tels
font

font iceux de 1601, de 1633, de 1663, de 1682 & de 1755. Quelques Anciens avoient déja apperçu cette funefte correfpondance, qui embraffoit une fi grande étendue de terrein. Ils s'accordent, par exemple, à nous parler de l'*Afie* bouleverfée dans une nuit; douze villes furent renverfées [o] la 4e. année du regne de Tibere.

Commençons d'abord par raffembler les circonftrances les plus remarquables de cette communication d'ébranlemens. Ces circonftances nous guideront, pour découvrir les caufes & ferviront à juftifier ou à détruire nos conjectures. Il ne faut pas les imaginer felon le fiftème qu'on a embraffé; mais former fon hypothèfe fur le rapport de ces circonftances. Nous allons diftinguer ce qui eft douteux d'avec ce qui eft certain.

Il faut raffembler les circonftances de cette communication.

On

___

[v] On a encore une médaille de Tibere, *Civitatibus Afiæ reftitutis.* Voyez Strab. Lib. xii. Tacit. *Ann.* Lib. II. Euseb. *in Chron.* Celui-ci aux Villes de l'*Afie* ajoute *Ephèfe.*

On a cru remarquer, dans les derniers tremblemens des années 1755 & 1756, que les différentes fecouffes fe font propagées felon les méridiens des divers lieux. Les ébranlemens ont été apperçus en même tems fous le même méridien; c'eft-à-dire que dès qu'un tremblement a commencé, un certain jour, dans un lieu méridional, il s'eft fait appercevoir le même jour, dans les lieux placés fous le même méridien. La différence des heures, ou l'efpace de tems de l'un à l'autre aura été proportionnel à la différente latitude de ces lieux-là. J'avouë que quand je confidère les rélations que nous avons des derniers tremblemens, je ne puis appercevoir cette correfpondance uniforme. Il faudroit des obfervations bien exactes & des horloges bien juftes, pour appercevoir & vérifier une marche auffi fingulière.

Le D. Hales prétend encore, que les tremblemens de terre s'étendent beaucoup plus loin Eft & Oueft, que Nord

Nord & Sud [*p*]. Il ne rapporte aucune obſervation pour le prouver, & j'avouë que je n'en apperçois aucune dans les rélations des derniers tremblemens. On eſt donc autoriſé à regarder encore cette circonſtance tout-au-moins comme fort douteuſe.

UNE circonſtance plus certaine & qui n'a échappé, ni à M. DE BUFFON ni à M. HALES [*q*], c'eſt que les lieux, où il y a des feux ſouterrains, toujours allumés, ſont fort ſujets aux tremblemens; mais ces ſecouſſes ne s'étendent pas fort loin. Ces feux s'évaporent par les bouches des Volcans ou par les fiſſures de la terre. BORELLI prétend d'ailleurs que ces inflammations commencent au haut de la montagne. M. HALES croit qu'il faut chercher la cauſe de ces tremblemens fort étendus &

pro-

1e. Circonſtance certaine.

[*p*] Réflex. Phyſ. ſur les trem. T. II. de l'Hiſt. des tremb. du *Pérou* p. 401.

[*q*] *Ubi ſupra*, pag. 400 & ſeq.

V

progreſſifs près de la ſurface de la terre [r]; & il paroît réſulter au contraire
de tous les phénomènes, que j'ai expo-
ſé, que cette cauſe eſt dans les entrail-
les-mêmes de la terre; ſous les montagnes ſouvent à une grande profondeur.

2e. Cir-
conſtance
certaine.

DANS ces tremblemens étendus la
propagation, ou la communication, ſe
fait au travers des plaines auſſi bien que
par le moyen des montagnes, ſous les
mers auſſi bien qu'au travers des terres.
Les vallées les plus profondes ne les
interrompent point. La diſpoſition de
la ſurface ne paroît, ni entretenir ni di-
riger toujours cette propagation. Preuves evidentes que le principe actif n'eſt
pas ſous la ſurface de la terre, mais à
une grande profondeur. Preuves encore, non moins certraines, que le principe de l'inflammation n'eſt pas dans
l'atmoſphère, mais ſous la terre, ſous les
montagnes & les mers.

QUEL-

[r] Ubi ſupra, pag. 401.

QUELQUEFOIS les lieux bas, dans la communication des secousses, sont les plus ébranlés. D'autres fois ce sont les lieux les plus élevés. La propagation ne dépend donc point de la contiguité du terrein, mais de ce qui est renfermé dans le sein même de la terre, & qui est inégalement distribué dans ses cavités.

AUTRE preuve de la même vérité ; dans une circonstance que toutes les rélations vérifient. Souvent dans la propagation des secousses les lieux intermédiaires sont moins ébranlés, ou point du tout. Il y a une correspondance qui lie toutes les parties du globe. Des veines de pyrites peuvent faire circuler un principe de fermentation. Ici & là la quantité en est plus grande; dans un lieu mitoyen elle est moindre, ou plus profonde. Ainsi différentes trainées de poudre peuvent porter en silence l'inflammation à diverses mines; qui causeront du bouleversement, tandis que les lieux intermédiaires ne seront point ébranlés. Il peut aussi arriver qu'en tel

V 2

lieu

3e. Circonstance certaine.

4e. Circonstance certaine.

lieu intermédiaire l'effervefcence ou l'inflammation étoit en telle raifon avec
l'air & les cavernes, qui le contenoient,
qu'il n'a dû en naître qu'une légère compreffion & par conféquent qu'une fecouffe peu fenfible, ou fi foible qu'on
n'a pas pû l'appercevoir. Mille autres
circonftances peuvent intercepter la
communication, ou affoiblir la caufe.

5e. Cir-
conftance
certaine.

La propagation des fecouffes eft très
rapide. Il n'eft rien qui puiffe nous en
donner une idée que la viteffe de la lumière, ou celle du feu electrique. La
poudre à canon fi promte, ce femble,
dans fes progrès, eft lente en comparai-
fon. En confultant les rélations on ne
découvre aucune règle proportionnelle
entre les diftances & les tems. Il auroit
fallu des obfervations plus exactes &
plus détaillées. D'ailleurs mille circonftances, tirées de la quantité & de la
qualité des matières, de la pofition &
& de la direction des lieux, peuvent
faire varier tout cela à l'infini.

TEL-

TELLE eſt cette communication ſin-
gulière des ſecouſſes d'un tremblement
de terre; tel eſt ce progrès & cette marche, qu'il faut expliquer. Il falloit,
pour ne pas s'égarer, en conſidérer les
circonſtances diverſes.

Nous concevons d'abord que cette
communication de mouvement peut
quelquefois & en certains lieux être l'effet de la contiguité des maſſes ſolides. La
terre eſt compoſée de couches de lits,
poſés les uns ſur les autres, qui ſe ſuivent. Ici ils s'abaiſſent, pour former les
vallées & les baſſins des lacs & des mers.
Là ils s'élèvent pour conſtruire les montagnes [s]. Un de ces lits ſolides, é-
branlé, ſoulevé ou abaiſſé, doit porter
aſſez loin un rétentiſſement, un frémiſſement, un ébranlement, qui eſt en proportion avec la commotion originaire,
qu'il a reçu. Ce frémiſſement s'affoiblit
en s'éloignant du principe qui l'a produit, en ſorte que cette progreſſion ne
peut

Explication de cette communication.

Communication de retentiſſement.

[s] Voyez Struct. inter. de la terre, I. Mem.

peut pas s'étendre bien loin. Ainſi ſont ébranlés principalement les lieux les plus voiſins des Volcans.

Obſervation ſur le ſiſtème de M. Des Marets.

RIEN de plus dangereux que de ſe faire une loi d'expliquer tout de la même manière, & de déduire tout du même principe. C'eſt vouloir plier la nature à ſes idées. L'aſſujettir ainſi à une marche unique, à des procédés toujours uniformes, c'eſt en méconnoître la multitude des reſſorts, la fecondité des reſſources & la diverſité des moyens. M. DES MARETS croit que toute propagation de tremblement de terre n'eſt qu'un rétentiſſement [t]. C'eſt une ſuite du premier mouvement imprimé par le foyer originaire aux chaines des montagnes qui ſe ſuivent. Le contact & la contiguité ſont donc, ſelon
lui,

[t] Voici le titre de la brochure, où il développé ſes idées: Conjectures Phyſico-Mécaniques ſur la propagation des ſecouſſes dans les tremblemens de terre. Paris 1736. chez Geneau, ruë St. Severin. Il n'y a point de nom de lieu ni de Librairo Voyez Mercure de France, Mars 1756. pag. 108 & 109.

lui, les feules caufes de cette propagation fingulièrc. N'eft-il pas plus naturel de fuppofer que, comme il y a plufieurs caufes des tremblemens, il y en a
auffi plufieurs de leur communication
& de leur correfpondance, à raifon de
l'efpace & du tems ? Cet Auteur dit, fur
cette communication par le contact, des
chofes très-ingénieufes, mais elles ne
font pas toutes également vraies. Il place
le foyer principal du tremblement du 1
Novembre 1755 dans les Açores, d'où par-
deffous les mers & le long des chaines.&
des ramifications des montagnes le mouvement fe communique de toutes parts.
Je ne nierai point que fouvent cette fuite de montagnes, en continuant les cavernes & les lits des matières pyriteufes,
ne ferve à propager l'effervefcence &
par-là les mouvemens. J'avouerai encore que l'ébranlement qu'on éprouve en
certains lieux peut n'être quelquefois
que le réténtiffement des parties intérieures & extérieures du globe fécoué

V 4

plus

plus violemment ailleurs. Mais cette
fe, qui n'eft ainfi qu'inftrumentale, eft
trop particulière pour êtie le principe
de tous les tremblemens propagés. Le
mouvement, en fe communiquant, doit
fe partager & en fe partageant s'affoiblir. Tous les phénomènes ne peuvent
pas s'affujettir à cette hypothèfe. Il en
eft qui la contrédifent. Il feroit encore
aifé de faire voir que les commotions,
dans leur marche, ne fuivent pas toujours les chaines des montagnes. Voici
de quelle manière un Journalifte a jugé
de ce fiftème. ,, C'eft dans la furface
,, extérieure, dit-il, que M. Des Ma-
,, rets oherche la caufe de la propaga-
,, tion prompte des fecouffes, & non
,, dans l'intérieur. C'eft l'effet, felon
,, lui, de la pofition & de la contiguité
,, des montagnes. Il croit que les plus
,, grands bouleverfemens ne fe voient
,, pas au lieu-même, où eft le centre
,, de l'explofion, mais à quelque dif-
,, tance. Le foyer de la mine qui a dé-
,, truit

„ truit *Lisbonne* étoit, fuivant lui, aux
„ *Açores* ou aux *Canaries* [*u*]. Il fup-
„ pofe, contre les principes de la Mé-
„ canique, que le retentiffement, ou
„ la force du mouvement propagé,
„ croît, en s'éloignant du premier point
„ de l'impulfion. Ce n'eft certainement
„ pas le cas d'appliquer la règle, *crefcit*
„ *eundo*. On fçait au contraire que le
„ mouvement s'affoiblit en fe commu-
„ niquant; qu'un corps mû perd autant
„ de mouvement qu'il en communique
„ à un corps en repos. En forte qu'on
„ peut le confidérer après le choc com-
„ me formant une même maffe, dans
„ laquelle le mouvement eft partagé.
„ Suivant cette règle, quel affoibliffe-
„ ment de mouvement depuis les *Aço-*
„ *res* à *Lisbonne*! Pourquoi le tremble-
„ ment, qui a détruit *Lisbonne*, n'a-t-
„ il rien renverfé aux Açores? Qui ne
„ fçait que des lieux intermédiaires,
„ dans des tremblemens étendus, ne
„ les

[*u*] Voyez p. 28. à la note. Conjectures Phy-
fico-Mécan. &c.

V 5

„ les apperçoivent quelquefois point
„ du tout, malgré la contiguité des
„ montagnes, tandis que des lieux fort
„ éloignés font ebranlés " [v]?

Communication des couches de matières pyriteufes.

A cette caufe, infuffifante pour expliquer la communication des tremblemens, joignons-en une autre, plus active, c'eft la communication des lits, des couches, des amas de matières effervefcibles & inflammables dans le fein de la terre. Nous avons déjà parlé de ces matières nitreufes & fulphureufes, répanduës de toutes parts dans les entrailles du globe. Une foule d'obfervations demontrent la liaifon de ces matières fous la terre. Ce font des fillons, qui fe ramifient dans les couches du globe, ou dans les intervalles, qu'elles laiffent dans les fiffures qui les coupent. Ce font des trainées, qui uniffent des amas plus ou moins confidérables, ou des mines plus ou moins abondantes de

fouffre

[v] N. Bibl. Germ. de Formey T. XIX. I. Par. p. 45 & 46.

fouffre & de falpêtre. Enfin ce font des
tranchées, qui aboutiffent à certains
foyers. Un de ces foyers, mis en effervefcence ou en feu, communique
bientôt cette fermentation, ou cette incendie de proche en proche à d'autres
foyers.

LA communication rapide du feu par *De la promptitude de la communication.*
le moyen de certaines matières inflam-
mables, la propagation prefqu'inftanta-
née du feu electrique, nous donnent une
idée de la progreffion rapide des tremblemens de terre. Si le foible mouvement d'un petit globe de verre peut
mettre en commotion le fluide electrique, ou éthéréal, ce feu, ou cette lumière, répanduë dans tous les corps ;
quel effet ne doivent pas produire les
prémiers chocs d'un tremblement de terre? Si la moindre etincelle de ce fluide
electrique, dévelopée, peut communiquer, dans l'inftant, à une grande diftance, une activité furprenante, quelle
promptitude & quelle force ne doivent
pas avoir des maffes foûterraines, miffes

en

en feu, ou en fermentation? Un coup de canon tiré dans le parc *St. James* electrifoit les fenêtres du tréfor [x]. Une explofion bien plus confidérable ne peut-elle pas agir plus promptement, à une bien plus grande diftance? Le flui- de electrique fe gliffe le long des corps, avec la rapidité d'un éclair qui fuit un fil d'archal. La commotion ne pourroit- elle pas fe propager par le moyen de quel- que fluide inflammable ou effervefcible, par le moyen de fimples vapeurs, diri- gées par une fuite de corps folides, ou par la communication des canaux ou des fentes, contiguës dans le fein de la terre?

Le pro-
grès n'eft
pas pro-
portion-
nel.

On conçoit fans peine pourquoi on ne peut pas appercevoir de la propor- tion dans la progreffion, ou de l'unifor- mité dans la marche des fecouffes. Les divers lieux, à des diftances égales d'un foyer originaire, font fecoués inégale- ment.

[x] Hale's Reflex. phyf. p. 403. &c.

ment. Plufieurs petits foyers dépendent
d'un plus grand. La nature & la quantité des matières effervefcibles & inflammables, leur profondeur fous terre, la
figure des cavités, la nature du terrein,
la pofition & la quantité des eaux, mille circonftances indéfiniffables, qui fe
combinent à l'infini, peuvent & doivent
faire varier les effets. S'il y avoit quelque proportion dans la marche, elle feroit bien plus difficile à concevoir que
l'irrégularité la plus grande. Tels tremblemens, qui s'exécutent à la même
heure, à de grandes diftances, & tels autres qui fe manifeftent à moins de diftance, à plufieurs heures, ou même à
plufieurs jours d'intervalle, peuvent cependant originairement partir du même
foyer. La marche de l'un a été favori-
fée par les circonftances des matières &
des lieux & celle de l'autre aura été
retardée.

L'ACTION de l'air doit encore être ef-
timée dans ce mécanifme. Le feu,
ou la chaleur, le mettent en mouvement.

Communication de l'air inté-rieur.

ment. Cet air dilaté, ou raréfié, par quelque fermentation interne, cherche des issuës pour s'échaper. Il se précipite avec toute l'impétuosité, que lui donne son ressort augmenté, à chaque instant par de nouvelles effervescences, dans tous les canaux voisins. Au défaut de routes suffisamment ouvertes, pour le recevoir & lui donner passage, l'explosion lui en ouvrira, en soulevant ou en ébranlant la terre, à diverses reprises. La terre divisée, ou séparée en différens sens, l'air s'échape par ces ouvertures & va porter l'inflammation, ou la fermentation, sur quelqu'autre amas de souffre & de nitre. Ainsi sont de nouveau ébranlés d'autres lieux. Ainsi il parcourt, de proche en proche, toutes les issuës formées, & il s'en fait, jusqu'à ce qu'il ait perdu son ressort, ou qu'il soit en équilibre avec l'air ordinaire souterrain. A mesure que son activité s'affoiblit, les ébranlemens doivent être moindres. Cette raréfaction de l'air, chargé de vapeurs & d'exhalaisons, se soutient longtems, à des dis-

tan-

tances très - confidérables, parce qu'il fe
trouve toûjours géné, enfermé, affujet-
ti fous terre. Portant d'ailleurs avec
foi un principe d'effervefcence, ou d'inflammation, à chaque nouveau foyer,
à chaque mine qu'il rencontre, il reprend
une nouvelle force, en y excitant du
feu ou de la chaleur.

Toutes les expériences, qu'on a faites fur l'air & fur la poudre à canon,
nous découvrent comment peuvent s'exécuter ces grands effets fous terre. Celles en particulier de M. Robins & Du
Hamel [y] prouvent que la poudre,
qui s'enflamme, produit un fluide élaftique, un air, ou une vapeur, dont
l'extenfibilité & la compreffibilité font
furprenantes. Que ce foit l'air même
renfermé dans la poudre & fes interfti-
ces; que ce foit une matière, logée dans
le foufre & le falpêtre, qui fe développe en vapeurs par le feu, n'importe.
Cet

Grande expanfibilité de l'air, produit par une explofion.

[y] Mem. de l'Acad. Roy. de Paris. 1750.

Cet air dilaté, ou ce fluide élastique
produit, ont une activité & une rapidité, qui nous sert à comprendre la propagation des tremblemens de terre. Le
volume de ce fluide, produit par l'explosion, égale 244 fois celui de la matière enflammée. Vcu la masse des mines soûterraines, quelle dilatation im-
mense ne doit pas acquérir l'air qui s'y
trouve, ou ce nouveau fluide qui s'y
produit? Si ce fluide est retenu dans
quelque canal, il agit, pour en écarter
ou en soulever les parois, avec une force 244 fois supérieure au poids de l'atmosphère. Quels effets ne doivent donc
pas résulter de pareils efforts? Ce fluide encore, ces vapeurs, ou cet air dilaté par l'explosion, ce fluide qui égale
déja 244 fois le volume de la matière
enflammée, peut, outre cela, se dilater, par la chaleur, dans la proportion
de 194 & $\frac{1}{3}$ à 796. Il suit de-là, par un
calcul facile à faire, que sa pression se-
ra 244,000 fois égale au poids de l'atmosphère. Ce fluide élastique, toûjours
assujetti sous terre, reproduit d'inter-
val-

valle en intervalle, animé par de nouvelles imflammations, ou par une fimple
chaleur, quels progrés ne doit-il pas
faire? Quels effets ne peut-il pas produire? Quelle rapidité ne peut-il pas ac-
querir? On ne doit donc pas être furpris que la terre tremble, mais qu'elle fubfifte pour répéter la phrafe de Sᴇ́-
ɴᴇǫᴜᴇ.

Tᴏᴜᴛ ce que dit Uʟʟᴏᴀ, pour rendre raifon des fréquens tremblemens de
terre du *Perou*, confirme notre explication. On voit qu'il envifage auffi les
mines pyriteufes & l'air comme les
moyens, dont la nature fe fert pour propager les fecouffes. ,, On doit, dit-il,
,, fe figurer deux fortes de Volcans,
,, les uns contraints ou génés, & les au-
,, tres dilatés. Ceux-là feront là, où
,, dans un petit efpace il y a une gran-
,, de quantité de matière inflammable,
,, & ceux-ci là, où une certaine quan-
,, tité de matière fe trouve répanduë
,, dans un efpace large. Les prémiers
,, font propres à être contenus dans le
X   ,, fein

Confirma
tion de ces
idées.

,, fein des montagnes, qui font dépofi-
,, taires légitimes de cette matière. Les
,, feconds, quoique nés des prémiers,
,, en font néanmoins indépendans. Ce
,, font des rameaux, qui s'étendent à
,, droite & à gauche, fous les plaines,
,, fans aucune union ou|correfpondance
,, avec la mine principale. Cela pofé,
,, il refte certain que le païs, où ces
,, Volcans, c'eft-à-dire, les dépôts de
,, ces matières font plus communs, &
,, comme minéraux propres de ce mê-
,, me païs, s'en trouvera plus véiné &
,, plus ramifié dans ces plaines; car il
,, ne faut pas s'imaginer que les matiè-
,, res de cette nature n'exiftent que
,, dans le cœur des montagnes, & qu'el-
,, les foient féparées du refte du ter-
,, rein, qui les avoifine. Le païs dont
,, nous parlons étant donc plus abon-
,, dant qu'aucun autre en ces fortes de
,, matières, il eft tout fimple qu'il foit
,, plus expofé aux tremblemens de terre
,, par la continuelle inflammation qui
,, furvient, lorfqu'elles ont affez fer-
,, menté pour en être fufceptibles.

,, Ou-

,, Outre la raiſon naturelle qui dic-
,, te, qu'un païs qui contient beaucoup
,, de Volcans, doit contenir auſſi beau-
,, coup de rameaux de la matière qui
,, les forme, l'expérience le démontre
,, au *Perou*, vu qu'on rencontre à tout
,, moment dans ce païs-là du ſalpêtre,
,, du ſouffre, du vitriol, du ſel & autres
,, matières combuſtibles; c'eſt ce qui
,, fait que je n'ai aucun doute ſur la juſ-
,, teſſe de mes conſéquences.

,, Le terrein, tant de *Quito* que des
,, vallées & celui-ci plus que celui-là,
,, eſt ſpongieux & creux, de ſorte qu'il
,, a plus de concavités & de pores, que
,, n'en a d'ordinaire le terroir des au-
,, tres païs. C'eſt pourquoi il eſt hu-
,, mecté par beaucoup d'eaux ſoûter-
,, raines. D'ailleurs, comme je l'expli-
,, querai plus au long, les eaux des gla-
,, ces, qui ſe fondent continuellement
,, dans les montagnes, en tombant de-
,, là, ſe filtrent par les poroſités de la
,, terre, & courent dans ſes concavi-
,, tés. Là, elles humectent, uniſſent

X 2

,, &

,, & convertiſſent en pâte ces matières
,, ſulphureuſes & nitreuſes ; & bien que
,, celles-ci ne ſoient pas là en ſi grande
,, quantité que dans les Volcans, néant-
,, moins elles ſont ſuffiſantes pour s'en-
,, flammer & pouſſer l'air qu'elles con-
,, tiennent, lequel ayant la facilité de
,, s'incorporer dans celui qui eſt renfer-
,, mé dans les pores, cavités, ou vei-
,, nes de la terre, & le comprimant par
,, ſon extenſion fait effort pour le dila-
,, ter, en lui communiquant la raréfac-
,, tion dont il participe, & qui eſt une
,, ſuite naturelle de l'inflammation. Cet
,, air, ou vent, ſe trouvant trop à l'é-
,, troit dans la priſon, qui le renferme,
,, fait effort pour ſortir, & dans ce
,, moment-même il ébranle tous les eſ-
,, paces par où il tâche de s'échapper,
,, & ceux qui y ſont attenans, juſqu'à
,, ce qu'enfin il ſort par l'endroit où il
,, trouve moins de réſiſtance & le laiſſe
,, quelquefois fermé par le mouvement
,, même de la ſecouſſe, quelquefois
,, auſſi ouvert, ainſi que l'expérience le
,, fait voir dans tous ces païs. Quand
,, il

„ il fort par divers endroits, comme ce-
„ la arrive, lorfqu'il trouve par-tout
„ une égale réfiftance, l'on n'en trou-
„ ve aucun veftige après la fecouffe.
„ D'autres fois quand les concavités
„ de la terre font fi grandes qu'elles for-
„ ment des cavernes fpacieufes, non
„ feulement il crevaffe le terrein & le
„ gerfe à chaque tremblement de ter-
„ re, mais même l'enfonce en par-
„ tie [z].

L'eau nous fert enfin à concevoir la propagation des fecouffes des tremble-mens de terre, dans de certaines cir-conftances. Nous avons fuffifamment expofé quelle eft la force extraordinaire des vapeurs aqueufes échauffées [a]. Elles peuvent déja par leur prompte expanfibilité donner à l'air une force capable de porter au loin un ébranlement. Outre cela il eft dans le fein de la terre une fuite de canaux, de conduits & de

Comºmunica-tion de l'eau.

refer-

[z] Voyages du *Pérou*, Liv. I. Ch. VII. p, 470, 471.

[a] Ci-deffus VI. Mémoire.

X 3

reſervoirs d'eau, qui ſe communiquent ſans doute en tout ſens. Eaux couranrantes, eaux dormantes, toutes ces eaux ſont diverſement unies avec celles de la ſurface. Ces amas d'eau, mis en mouvement par quelque commotion intérieure & violente, accumulés, pouſſés, balancés en divers ſens, ne peuvent-ils pas porter au loin ce balancement & le communiquer quelques fois à d'autres maſſes, avec leſquelles ils ſont unis? Les ſecouſſes d'un lieu ne peuvent-elles pas ſe communiquer par ce moyen à quelque diſtance [b]? Ainſi les canaux de la *Hollande*, les lacs de la *Suiſſe*, les mers d'*Eſpagne* & d'*Afrique* ont pû être émus dans le même tems en 1755. C'eſt ainſi encore que des fontaines ont pû être troublées en même tens dans des lieux très-éloignés en *Allemagne*, en *France* & en *Suiſſe*.

[b] Voyez Seneque Q. N. L. VI. C. VII. & VIII.

F I N.

TABLE
DES
MEMOIRES.

le

Fin de la Table.